ORIGINAL POINT PSYCHOLOGY  

Unfuck Your Stress

Using Science to Cope With
Distress and Embrace Excitement

与压力和解

[美] 费思·哈珀◎著
（Dr. Faith G. Harper, LPC-S, ACS, ACN）

戴晓晖　陈洪珏◎译

华龄出版社
HUALING PRESS

北京市版权局著作权合同登记号　图字：01-2025-0912 号

图书在版编目（CIP）数据

与压力和解 / (美) 费思・哈珀著 ; 戴晓晖, 陈洪钰译. -- 北京 : 华龄出版社, 2025. 4. -- ISBN 978-7-5169-2975-9

Ⅰ. B842.6-49

中国国家版本馆 CIP 数据核字第 2025R6B441 号

策　划　颉腾文化
责任编辑　王　慧　　　　责任印制　李未圻

书　名	与压力和解	作　者	[美] 费思・哈珀
出　版 发　行	华龄出版社 HUALING PRESS	译　者	戴晓晖　陈洪钰
		翻译支持	云彬翻译社区
社　址	北京市东城区安定门外大街甲 57 号	邮　编	100011
发　行	（010）58122255	传　真	（010）84049572
承　印	涿州市京南印刷厂	印　次	2025 年 4 月第 1 次印刷
版　次	2025 年 4 月第 1 版	开　本	1/32
规　格	880mm × 1230mm	字　数	108 千字
印　张	6.25		
书　号	ISBN 978-7-5169-2975-9		
定　价	59.00 元		

目 录

第一部分 · 压力的运作机制

第二部分·压力的应对

引言

压力可不是什么新概念。不管当下社交媒体上的专家怎么热议“生物黑客行为”[①]话题，与压力斗争并不意味着你必须默默忍受的人。的确，压力早已被贴上负面的标签，要想改变这种看法，首先要正视它。压力很糟糕，无论大小，没有人喜欢压力。不管是你的租的房子要被出售而必须在一个月内搬家，还是发现有人拿走了你放在休息室冰箱里的午餐，这些都会给人带来压力，榨干我们的精力。

压力是人们在不同时代共同面临的挑战。但直到最近，我们才开始更好地了解到压力是一种身心攻击，每个人在生活的某些时刻甚至大多数时候都要面对压力。媒体喜欢用夸张的标题，传播关于压力的耸人听闻的消息。我们都看到过街上行人的照片或视频，这类照片或视频的旁白往往会用关切的语调说：压力会让腹部的脂肪堆积。

然而，这些“标题党”没有告诉我们的是，压力不是外部

---

① 利用技术、药物或激素等改善身体和精神状态的一些行为。——译者注

事件（外部事件只是“压力源”），而是我们基于不断变化的内外因素（好的、坏的或中性的）所做出的反应。比如，在咖啡店排长队可能会让人感到压力，被困在车流中无法脱身，并因此而迟到会感到压力。你的压力反应可能来自被困的感觉，或者害怕因迟到而被上司警告等。你可能会紧张起来，想着“完了，我肯定升职无望了……见鬼，我敢打赌我赶到的时候我的东西都被清空了”。你也可能会轻松地对自己说“我一会儿给老板订一份点心，以弥补我的迟到。最新一集的《你错了》（*You're Wrong About*）刚刚上线，我也刚好借此机会看一眼，放松一下。”

不是说第一种反应就一定是不好的或错误。正如本书即将讨论的那样，我们已经形成了应对压力的固定模式，所以表现出消极的反应可能完全合理。不过，这不是一个摆烂式的绝望声明。在应对压力方面，知识就是力量，因为了解事情的来龙去脉是应对压力的重要部分，甚至在可能的情况下还能将其转化。

因此，本书将从压力的基础知识开始讲起，了解与压力有关的科学研究成果，认识压力的不同表现形式。对于像我这样的科学迷来说，这将是一场相当有深度的科学探索。我们将讨论压力背后的生理科学，包括大量关于迷走神经的知识。我们也将讨论在哪种情况下，压力会被认为是一种可诊断的疾病（剧透一下：与创伤有关时）。我们还将讨论慢性压力、生存模式、冒充者综合征和倦怠，这些都是常见的概念而且容易被误解。你可能会问，为什么我要聊这些看起来挺沉重的话题啊？为什么不像以前那样给点实用小贴士，比如“回家后把钥匙放到固定地方，免得第二天上学迟到”这种建议？嘿，虽然我现在不在大学里当教授了，但这种分享知识、帮助他人的劲头， 你还真拦不住。不过说正经的，我选择谈这些更深层的话题，是因为那些看着不起眼的小事儿，积少成多可就麻烦了。它们不光会变成大问题，时间一长还会改变我们大脑的运作方式，甚至可能导致创伤后应激障碍（PTSD）这种严重的后果。

这也意味着，我们要讨论如何确定特定的压力源，以及是否需要功能性或转化性应对策略，这样才能确定应该采取哪种应对策略（这是本书的一个重要部分，因为我们都需要尽可能多的工具来应对压力）。最后，我们将从人际关系的角度来看待压力。和往常一样，我在本书中分享的工具都是在我的临床工作中已经验证有效的。准备好了吗？那就开始吧。

如何使用本书

这本书分为两个部分。第一部分主要讲压力的运作机制；第二部分聚焦于压力的应对方法和策略，提供了多样化的工具和方法，帮助你在压力下实现自我恢复，有效减轻乃至预防压力可能造成的更大冲击。另外，如果你经常看我的书、小册子或文章，可能会看到一些熟悉的内容。因为本书的目标之一就是收集我写过的关于压力的所有内容，同时增添一些有趣的细节。

说实话，虽然我的每本书都得有个“如何使用本书”的说明部分，但我并不擅长写。可能是因为我是个X世代的人吧，所以我的态度是：这本书你爱怎么用就怎么用，全凭你高兴。想跳着读？行啊！想倒着读？也成！又不会把书读坏（就是别不小心念出什么咒语，把《怪奇物语》里的恶魔王给召唤出来了）。你甚至可以读完了在酒吧快关门的时候，借着酒劲儿跟人侃侃而谈。要么就挑你需要的部分看，觉得有用就行。反正，你随意！

不过话说回来，要是你真的不小心把恶魔领主给召唤出来了，麻烦一定要发照片给我看看！顺便告诉我到底是倒着读了哪个章节才搞出这种事来的。

/ 第一部分 /

压力的运作机制

第 1 章 压力的本质

压力对每个人的影响不同，有些人可以化压力为动力，利用这一点来促进自己完成工作，有些人则因不知所措而退缩。面对压力，也许你会备受激励，也许你的身体会感到紧张，乱发脾气，变成了“路怒族”，或者变得心不在焉。我们的反应会因以往经历的不同而有所不同。但在理解个体的不同反应之前，我们需要了解一些背景知识。因此，我们要先学习压力的历史，探索压力在我们生活中的不同表现形式。

压力的历史

虽然压力在我们日常生活中已经很常见，但人们对压力概念的认知仍然模糊不清。压力可能表现为需要处理创伤事件或应对严重的疾病，也可能是要完成一项艰巨的任务，或者是被堵在去学校接孩子的路上。虽然每个人的体验不尽相同，但这些情境都可以归类为压力。

压力的概念在很久以前就已经存在。追溯到罗马帝国时期，“压力”一词用于描述不同力量对物体的作用，比如桥上的物体对桥的力。英语中的 stress 这个词源于拉丁语中的“strictus”，指某物变紧或收缩。随后，stress 表示的概念大约在 16 世纪扩展到了人类身上，然后出现了“痛苦”（distress）的概念，但当时主要指周围世界对我们身体的影响，特别是与身体损伤或伤害有关的方面。

那么，压力对身体、心理和精神的伤害呢？在这个领域，克劳德·伯纳德（Claude Bernard）是第一个将“压力”纳入研究范畴的人。他是当时备受尊敬的“实验医学奠基人”，开始研究诸如迷走神经紧张症，并把人体比作“内环境”，探讨人体是如何维持平衡的。在西方世界仍然普遍认为人体所有器官是独立运作的时候，伯纳德提出的理论是相当激进的（而且后来大多得到证实）。差不多同一时期，病理学家威廉·奥斯勒爵士（William Osler）指出认知（具体说来是我们的态度）会影响人的健康。这两位先生做出的观察发现不可谓不重要，但当时人们的反应只是“哦，可能是这样吧”，然后就把这些发现抛诸脑后，接下来好几十年都没人予以关注。

沃尔特·坎农（Walter Cannon）是压力研究领域的另一位重要人物。他对实验心理学和生理学都很感兴趣，曾与哈佛大学医疗队一起前往法国研究“炮弹休克”（或“战壕震惊症”，现在我们称之为“创伤后应激障碍”）。军方对“炮弹休克”的症状感到困惑，因为这些症状似乎与可见的身体损伤并无关联。一些临床医生认为这些心理症状是创伤性脑损伤的结果，从某种程度上来说他们是对的，只不过不完全是他们想象的那种方式。创伤后应激障碍本质上是一种获得性神经多样性（即大脑在结构或功能上呈现出的独特差异），但这对军方来说是个棘手的问题，因为他们希望士兵尽快得到治疗，以便他们能够重返战场，而不是退役。

当时坎农没有使用“压力”这个概念，而是将看到的现象称为人体生理反应的“失调”。这个说法让军方很恼火，他们甚至禁止人们使用“炮弹休克”这个术语，天真地以为只要这个词不存在了，这种症状也就不存在了。

坎农不是唯一一个在当时对此表示质疑的人。他和汉斯·塞利（Hans Selye）在 1935 年开始使用“压力”这个术语。我以前写过一篇关于塞利的文章，他给实验室大鼠做注射实验时笨手笨脚，意外地发现了压力反应中的内分泌成分。[①]紧接着在 1945 年，由于同样厌倦了军方的小花招，罗伊·格林克（Roy Grinker）和约翰·斯皮格尔（John Spiegel）出版了《压力下的人》（*Men Under Stress*）一书，该书叙述极度恶劣的环境对长期生活在此的士兵造成了累积性的影响，而这些影响在他们回家后通常没有好转。不过，军方依然对此充耳不闻，直到 1980 年越南退伍军人组织请愿，才将创伤后应激障碍添加到《精神障碍诊断与统计手册》（DSM）中。

直至此时，有关压力的研究和观察报告主要还集中在“创伤性压力”上（也就是创伤后应激障碍的前身）。直到二战后[②]，在西方社会，“压力”的概念才得以拓展，用来描述我们在处于过度压力或失衡状态时的心理和生理反应的复杂组合。

然而时至今日，依然有人持有不同的观点，他们认为：“压力不过是一个胡说八道的现代概念……与我们的祖先相比，我

---

① 他试图研究卵巢提取物对大鼠的影响，但由于注射技术糟糕透顶，实验时大鼠不停地掉在地上，而他不得不花几个小时在实验室里追逐它们。幸运的是，他是一位比较出色的生理学家，而不是鼠类处理员，他注意到正是自己的笨手笨脚，导致大鼠的肾上腺增大、免疫系统紊乱和溃疡，这一切都拜他不断的操作失误所赐。

② 到这一阶段，我们不再称之为“战争创伤”，而是“战争疲劳”。

们的生活条件要优越得多，哪来的压力呢？”行吧，尽管古人没有现代杂志和冰咖啡这样的小确幸来抚慰灵魂，但我仍坚持在已经如此高科技的今天在我写的书中讨论这个问题，因为无论是新冠疫情、世界战争还是现代的高科技冲突，这些挑战在本质上与我们最早的祖先所经历的并无二致。

是的，我们定义压力和应对压力的方式随着时间的推移发生了变化，压力成了一个多变的概念。我们对身心互动的许多认识都体现了这个规律。概念虽是新提出的，但并不意味着它不真实。压力不是被编造出来的，其生理机制已经被反复证明是真实存在的，并以真实的方式影响身体。在这方面，关注我们对压力的元认知显得尤为重要，我们可以做很多事情来减轻并管理对压力的反应。但在压力面前表现出脆弱并不是软弱的表现。请记住，“试图通过抓头发将自己提起来”这个讽刺的说法，是用来描述一件不可能的事情，没有人能够完全独自应类似的挑战。

压力 VS. 痛苦

那么，压力一定是不好的吗？在汉斯·塞利看来当然是不好的，但进一步的科学研究表明，真实情况远比他的研究结果呈现出来的复杂得多。接下来就让我们进入人类的复杂世界。

我们的身体能够以一种良好有序的处理方式应对偶尔出现的压力因素。但正如塞利通过那次糟糕实验所发现的那样，我们的身体并不适合应对压力，否则会超负荷，会生病。塞利将这种超负荷称为“一般适应综合征”，现在也被称为“肾上腺疲劳”。

但在临床上，压力是一个更中性的术语，指任何需要资源输出的事件。

压力可以是积极的（例如创作艺术作品、参加比赛或完成学业），也可以是消极的（例如应对车祸、疾病或被解雇）。本质上，我们自己决定了某件事的好坏，所谓“好”是指它的结果是我们想要的，“坏”意味着我们要面对不想要的事实。凯利·麦格尼格尔（Kelly McGonigal）在她的书《压力的好处》（*The Upside of Stress*）中，从意义的角度描述压力。某件事对我们来说有压力，是因为我们认为它很重要。这也意味着，有时候我们可以通过改变认知模式中的“自我精神虐待”或“灵性回避”，来改变我们对压力的反应，稍后我们将详细讨论这一点。

无论情况是好是坏，我们都可能处于耗尽所有精力的状态。这就是痛苦——精力告罄的临界点、需要支持的时刻。这不是仅凭一己之力就能解决的情况，也不是判定某人是否失败的标志。这是一个临床术语，可以理解为有人需要帮助。

如果你感到痛苦，可能是因为生活给你太多突如其来的挑战，比如接二连三发生不愉快事件，甚至可能只是你刚洒了咖啡，成了压垮你的最后一根稻草。让你感到痛苦的也可能是积极美好的事情，比如一趟有趣的旅行可能会让你感到精疲力尽，即使是你自己计划的滑索活动也可能让你崩溃。无论是负面还是正面的事件，它们都可能导致压力累积，当超出了个人的应对能力时，就会转化为痛苦。

研究人员称当代人的“压力”指数全球飙升，他们指的“压力”是痛苦。几年前，我首次撰写这一话题相关的文章时，引用了盖洛普公司 2018 年的全球情绪报告，当时的数据表明情况已经很糟糕了。后来更是每况愈下，2022 年美国心理学协会与哈里斯民意调查展开合作，希望了解新冠疫情暴发两年后的数据情况。调查结果表明：世界正处于动荡之中。我们正在经历疾病全球大流行、种族紧张局势严峻、大规模枪击事件、普遍存在的货币问题（特别是通货膨胀）。新冠疫情也被认为是压力源，包括对强制令和疫苗的存疑与纷争。但更重要的是，新冠疫情及随后的隔离封锁，暴露出长期以来隐而未显的人际关系问题。超过一半受访者报告称在疫情期间，他们的某些人际关系要么结束了，要么变得非常紧张。

显然，生活中有许多事情会让我们感到压力，其中有些事情经过日积月累变得更糟了。让我们仔细看看压力的不同类型，这些类型能够很好地解释我们所关注的压力源，以及一些此前未曾注意，但对我们有显著影响的压力源。

压力的分类

这一部分我将提供可能存在的压力源的例子。能够带来压力的因素实在太多了，我们所能罗列出来的只是冰山一角。因此，在参考了其他关于压力、压力源和压力类别的书和文章后，我决定创建一种新的分类系统。当我们谈论像压力这样普遍存在的事物时，一个非常详细的压力源清单对大多数人来说并没有太大帮助，分类体系可以帮助我们更系统地理解和应对压力。

因此，我不打算过分具体地列举不同的压力源（这样反而会遗漏许多重要类别），也不打算事无巨细地告诉你该如何应对（例如，“如果你的压力来自持续施工所造成的震耳欲聋的噪声，那就买一个降噪耳机！”——这就完全偏离了重点，因为压力源可能是你的牙齿感到的震动，而不是耳朵听到的声音）。相反，我想重点关注压力源是如何自然地归类到不同类别中的。以分类的方式看待压力，有助于我们更好地找到管理或减轻压力的方法。例如，对于我几乎无法控制的压力源，通常需要一种特定的应对技巧，而由于我没有更好地管理我的日程安排而产生的压力源，则需要另一种处理方式。我说的对吗？那么一起来看看这里的超级非官方的分类系统。

主要类别

这是通过“A 或 B”句式对潜在压力源进行分类的总表，帮助我们更全面地描述经历。

生理 VS. 心理

生理压力源是指那些影响我们身体平衡和生理功能的压力源，包括受伤、慢性疼痛、身体衰老退化或者怀孕。虽然这些压力源也会对心理造成影响，但它们归根结底始于我们身体的变化。

心理压力源是指那些影响我们思维、情感和行为平衡的压力源，带给我们疲惫、担忧、挣扎或不适感。即便是被期望和接受的压力源（比如返校、结婚或开始新工作），也会产生某种程度的负面影响、增加我们的心理负担。

急性 VS. 慢性

急性压力源通常持续时间较短或近期才出现，比如报名参加了一个持续 6 周的课程，却发现完成该课程需要投入的时间、精力和工作量实在太多，难以应付。

慢性压力源通常持续一段时间或具有长期影响力。在医学领域，如果一种疾病持续超过 3 个月，就会被标记为慢性疾病。我认为这也是定义慢性压力源的适当时间范围，因为在处理长期压力源的过程中，我们的损失、消耗是可见和可测量的，而处理它的方式也会随之改变。

换句话说，急性压力源可能是一个为期 6 周的课程，而慢性压力源则可能是整个研究生阶段的学业负担。对于后者，虽然我们能看到终点，但距离还很遥远，甚至有些模糊不清，所以我们需要对其进行长期的管理，以确保朝着正确的终点方向前进。

绝对 VS. 相对

绝对压力源是那些普遍存在的压力源。针对这种压力，在相同情况下，所有人都会在某种程度上做出相似的反应。即使在困难的情况下，也总有一些人能够很好地应对，但这不是普遍现象。这与人类学家安格莱斯·阿里恩（Angeles Arrien）提出的“拇指法则”不谋而合：如果 80% 的人在特定情况下会有相同的反应，那么这个反应可以被认为是普遍的。与新冠疫情相关的压力和亲人去世这样的事情，就属于绝对压力源。

相对压力源则更加个性化，与我们的基因、表观遗传和独特个人历史相关。例如，一个曾生活或旅居在战乱国家的人，在交通出行方面会感到更大的压力。一个大脑功能异于常人的人，也会觉得人际交往很麻烦。

压力源分组

接下来我们再具体一点说，关注这些特定情况会对我们的生活、道德和个人幸福造成什么影响。这些类别并不是完全孤立的，某个压力源可能同时符合多个类别的特点。但就像上面的分类一样，它们旨在帮助你如何最好地处理特定的压力源。譬如，你处理经济压力源和社会关系压力源就可能需要完全不同的处理方式。

个人激活压力源是与我们的个性以及我们经历过的事件相关联的压力源。因此，它与我们的创伤历史和心理健康需求尤为相关。它并不直接诱发创伤，而是引发与过去事件相关的令人不适的联想或警示，刺激我们的神经系统，引起我们的关注。这类压力源也可能激活我们的焦虑、瘾症、不良习惯，以及可能并非由创伤史直接带来的却是我们努力避免的事物。例如，工作中的演讲可能触发恐慌发作，或者在清醒时参加派对可能让你有饮酒的冲动。让你感到有压力的并不是事件本身，而是你过去的经历。

滚雪球压力源是指虽然在日常生活中常见的、但随着时间累积或在我们承受额外压力时产生更大影响的小干扰。我们可能都遇到过：交通堵塞，外卖订单出错，老板无缘无故发火，朋友对我们态度冷淡，伴侣脾气不好，汽车爆胎……这些压力源看似轻微，但当它们不断累积和结合在一起时，可能就会变得难以忍受。日常干扰还包括我们环境中导致感官过载的因素，如强光和噪声。

生活平衡压力源（life-balance stressors）是指当我们的日程表排得太满，以至于忽视了其他需求所产生的影响。这种压力来自睡眠不足、没能吃到既营养又可口的食物、缺乏运动、没有享受生活的时间、疏于维系人际关系等。当为了应付“必须做的事”而牺牲那些让生活有意义的事物时，我们就会开始感到痛苦。

重大生活变化压力源，顾名思义，起因在于我们无法避免的重大生活变化。哪怕是我们主动寻求并接受的变化，也同样需要我们付出大量资源。换工作、生孩子、找对象、分手、生病和搬家，都是导致生活变化的压力源。

组织压力源与我们所参与的组织系统相关。工作和学校是两个比较大的组织系统，除此之外也包括你所属的团体或俱乐部，甚至是司法系统（如果你进到其中的话）。但即使是积极的系统（比如你坚信且自愿服务的政党）也会造成压力。作为系统的一部分，我们需要应对其他独特的个体（乃至冲突），遵守或妥协于损害我们自主权或自主性的规则。大多数系统还有与我们个人价值观不符的方面，这需要我们做出选择来决定如何参与。

之所以将经济压力源单独列出来，是因为几乎每个人在人生的某个阶段，甚至是在整个人生中，都会遭遇重大的经济压力。无法获得足够的金钱来满足个人需求和/或履行义务，是一个极其重要的压力源。一些研究者甚至提出，长期的经济压力可能导致创伤性压力和创伤后应激障碍。[①]

社会关系压力源来自萨特曾经说过的著名的“他人即地狱”。该压力源涉及人际关系问题，包括关系破裂、感到孤独、缺乏社会支持。人际关系是复杂的，它们既可以是支持和快乐的源泉，也可以是压力和冲突的来源。我们作为社会人，需要与他人建立联系和互动。但处理人际关系中的问题需要消耗大量的精力。

社会事件压力源是社会范围内甚至全球范围内的压力源。这包括战争（以及我们用来指代战争的更温和的同义词，比如不断升级的冲突等）、环境问题（如气候变化）、新冠疫情等。

知识缺口压力源是指源于“不知道”的压力。人处于陌生

① 如果你对这一话题感兴趣，请参看我的另一本书《重塑你的价值》（*Unfuck Your Worth*）。

环境中会感到担忧甚至恐惧。比如去新地方旅行，开始新的工作……这些都是你不了解规则的新情况，你需要在缺乏有效信息的情况下做出决定。

同理心压力源来自我们对他人的担忧和关心。当我们的朋友或亲人经历重大损失（如亲人离世、失业、疾病等）时，我们会感到担忧和同情，这种情感的投入会产生压力。即使我们不认识某些人，但当我们得知他们正在遭受灾难（如地震、洪水、战争等）时，我们也会为他们感到痛苦和担忧。这种对远方受苦人群的同理心同样可以成为压力源。

现在你知道了所有分类，在生活中应该怎么做呢？这个模型旨在帮助你建立自我意识，以便更好地规划、管理生活，满足特定需求。我希望你能利用好这个系统，去思考自己有哪些反应、模式、痛点、困境、触发点、激活因素等。在面对压力和挑战时，不仅要制定应急的应对策略，还要考虑这些挑战是如何与个人生活的整个复杂系统相联系的。虽然在某些情况下，最有效的应对策略可能始终如一，但通过全面考虑个人的生活系统，就很可能发现新的有效策略。

例如，罹患慢性疾病的人在不同方面的感受存在个体差异。如果我了解到他们还有被忽视（比如没人信他们曾遭到虐待）的经历，那么最重要的就是找到一个愿意倾听、能予以肯定的积极主动的医生。因此，我们的计划就包括找一个能够倾听患者的情况、给予肯定并采取主动治疗措施的好医生，同时也要引导患者尊重自己的真实感受和经历，使他们能够在与周围人的互动中被看见和被听见。因此，在使用压力分类法和稍后书中将会提到的应对策略时，需要根据个人情况和经历来进行调整。

第2章

压力如何作用于我们的身体

好了，既然我们对什么是压力以及为什么整个世界都如此疲惫、烦躁达成了共识，那就让我们变得更“书呆子”一点，深入研究与科学相关的部分吧。压力是我们对那些耗费时间和精力，并且打破平衡的情况的反应……然而，这种反应不仅存在于我们的大脑中，也存在于我们的身体里。所以这一部分是专门写给我的科学发烧友同胞们的。我懂你们！我们都是那种不愿意盲目接受建议或处方，而是想要弄明白事情背后的原理的人。在解释为什么之前，我不会要求你们尝试任何事情。你可以跳过这部分内容——但你不会跳过的，对吧？因为你也是个科学发烧友！

神经系统的压力反应

中学阶段所学的知识告诉我们：神经是具有特殊通信功能的细胞。就像遍布全身的电话线一样，它们通过生物电信号来传递信息。比如，当你碰到热的东西时，手上的神经会向你的大脑发送一个“呀，好疼！”的信息，然后大脑就会回复：“还不赶紧放下！”这就是“烫手山芋”最本质的含义！

我们的感觉和运动功能由 12 对脑神经专门负责，其中一些脑神经的功能非常具体，如嗅神经将我们嗅到的气味信息传递给大脑。第 10 对脑神经即迷走神经是其中最长、最奇怪、最复杂的。迷走（vagus）这个英文词来自拉丁语，意为“漫游”，因为迷走神经在身体里到处游走，向各个器官和组织发送信息。毫不夸张地说，这根神经就是一条信息高速公路。

神经细胞可不像你那无用的前任，整天只会无所事事瞎晃悠。它们是有组织，成系统的神经系统是由传递信息的神经细胞和神经纤维共同组成的网络，这使得信息传递更加高效。因此，你能够在抓到烫手山芋时第一时间扔掉它。

我们将重点讨论迷走神经。别担心，这本书不是沉重烧脑的医学教材。迷走神经连接大脑和身体的所有内部器官，并指导它们发挥作用，这是不是非常艰巨且重要的工作？

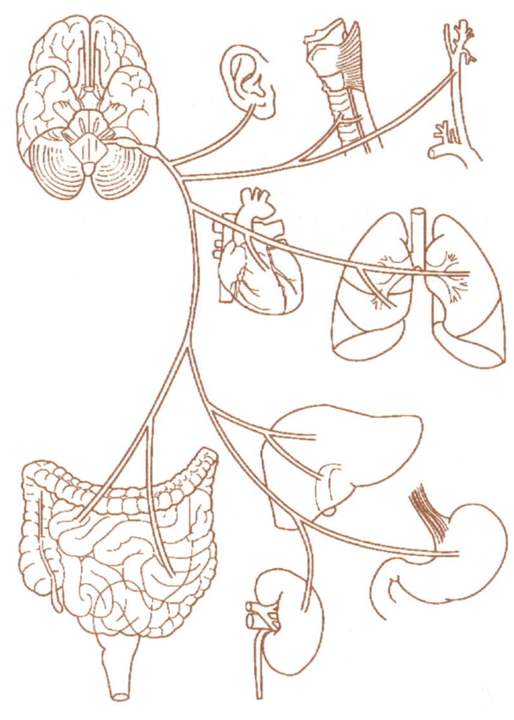

看看迷走神经的有趣图解。你可以看到大脑是如何与身体中每个主要器官进行信息交换的。看到大脑和其他器官的联系如此紧密，你就知道保持头脑冷静有多重要。

虽然迷走神经是整个人体神经系统的信使，但人体神经系统由好几个神经系统构成，迷走神经只是其中之一。所以让我们继续详细了解一下：人体神经系统可以分为中枢神经系统（大脑和脊髓）和周围神经系统，后者负责将大脑、脊髓与身体的其他部分连接起来。周围神经系统可以进一步分为两个部分：

- 躯体神经系统（somatic nervous system，又称动物神经系统），是我们可以随意控制的部分；
- 自主神经系统（autonomic nervous system），是我们无法随意控制的部分，它负责调节人体所有的器官，并致力于维持身体的稳态。

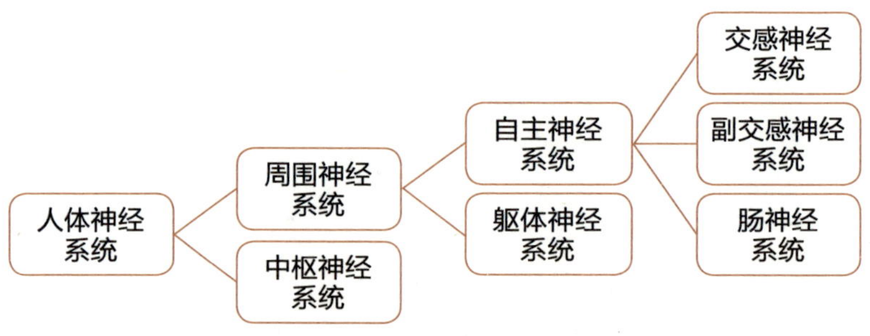

人体真是既复杂又简单啊！

在这本书中，我们要重点关注的是自主神经系统。“自主”的意思就是自我管理。这些神经是不受意识控制、自动运作的。所以当你碰到烫的东西时，身体根本不给你思考要不要放手的时间。这种情况事关生死，容不得半点犹豫。你的身体才不跟你讨价还价呢，该撒手就必须撒手。现在你应该理解自主神经系统为什么如此重要了吧？

自主神经系统由三个部分组成：交感神经系统、副交感神经系统和肠神经系统。迷走神经是它们之间的通信路径，了解它们如何相互作用非常重要。

首先，交感神经系统控制我们战斗、逃跑或冻结的本能反应，这些反应对我们的生存至关重要。当我们和亲人的自身安全、财产，抑或是需求、欲望、信仰等面临威胁时，交感神经系统就会被激活。实际上，任何对诸如我们是谁、什么属于我们等核心问题的挑战，都会引发一种保护性的反应。这与我们身心是否健全、我们爱对方的程度无关。当交感神经系统起作用时，我们的投入和连接能力就会中断，影响与外界的互动和连接。

如果进攻是存活下来的有效手段，我们会开启战斗模式。如果我们的本能告诉我们“遇到麻烦了，应付不了”，我们会溜之大吉。如果这两种反应都不太可行，就很可能出现冻结（僵在原地）的情况。

所有这些策略，甚至包括战斗，都是纯粹的防御性策略。目的不是击败或压倒威胁方，而是为了生存。身体的任务是评估当前的情况并找到存活下去的最佳方法。它根据当前接收的信息以及过去对威胁的理解，选择相应的策略。上述三种反应都是我们的防御性生存本能的一部分。

我在这里重点关注冻结反应（学术术语：背侧迷走反应），因为它直到最近才逐渐引起关注。我开始看到这个词频繁地出现在去社会化、去人格化、去现实化等话题的讨论中。尽管它是如此重要，也受到诸多关注，但冻结反应仍然是人类最棘手的反应。如果冻结反应过于强烈且持续时间太长，容易带来致命危险。那为什么身体会做出如此危险的反应呢？彼得·莱文（Peter Levine）（少数关于身体生存机制和创伤的理论家之一）指出，冻结反应为进化生存带来四个潜在优势：

- 大多数捕食性动物不会吃它们认为已经死了的动物。这是因为大多数动物都有类似的基因编码记忆，认为已经死亡的肉可能变质，吃起来有风险。
- 捕食者更难以察觉静止不动的猎物。冻结反应会关闭所有的运动反应。即使我们想要保持静止和安静，如果不是在生物化学层面上被"冻结"了，也很难做到。
- 当一个群体中有一只动物倒下时，会分散捕食者的注意力，让其他动物得以逃脱。
- 冻结反应会释放出体内的麻醉剂，使疼痛更容易忍受。

显然，交感神经系统不能时刻都处于主导地位。这会让我们很快就崩溃掉（这就是为什么那些没有意识到要用某些方法来应对长期压力的人很快就会散架了）。

我们的第二个神经系统副交感神经系统，与社交和连接有关。我们是群居动物，我们需要与他人建立联系，这不仅是为了繁衍，也是为了身心健康。在放松的同时保持警觉，是我们与外界相处的最好方式。这意味着当副交感神经系统运作时，我们能够与周围世界产生联结，沟通并建立社会关系，因为这样做能使我们感到安全。

关于这方面，就不得不提到心理学家和神经科学研究员斯蒂芬·波尔格斯（Stephen Porges）。关于迷走神经系统的研究，波尔格斯的核心发现是，我们的神经系统按照一定顺序（一种等级制度）进行工作。安全、联结和人际关系，这三种功能由自主神经系统管理，在等级制度中排名最高。但由于运作的过程是无意识的，当身体感知到威胁时，我们最先失去的就是保持冷静、投入和与人建立关系的能力。要想成为最好的自己，人要想在生活和工作中与他人合作并建立关系，我们的身体首先必须感知到我们是安全的。

当某些事物影响我们在身体层面的安全感时，副交感神经系统就会下线。这是因为交感神经系统有髓鞘，而副交感神经系统没有。我知道，我知道这听起来像是在背科学课本，但这个点确实非常关键。髓鞘提供绝缘层保护，这让信息传递速度变得更快。因此，与负责冷静反应的神经系统相比，负责应激反应的神经系统运行得更快。

这两个系统的运作都是无意识的。要想使副交感神经系统工作，必须关闭交感神经系统，这意味着它工作的条件是你一天当中没有受到任何压力或威胁。但即便在这种情况下，交感神经系统仍在后台悄悄运行，警惕任何可能的危险，它比副交感神经系统运作速度更快，可以在一瞬间关闭。有未解决的创伤记忆的人更容易让副交感神经系统“掉线”，进入生存模式。我们将在下一章详细讨论这个问题。

自主神经系统的第三部分是肠神经系统，位于胃肠道中。它是最大的自主神经系统，拥有独特的“微型回路”，既能接收来自其他两个系统的反馈，也能独立运作。这也是为何有些人的迷走神经已经断了，肠神经系统依然能正常运行，这听起来简直就像科幻片里的“僵尸科学”一样离谱。

胃被称为第二大脑是有原因的。因为许多神经递质、信号通路和解剖特性在肠神经系统和中枢神经系统中都是共通的，所以我们可以说迷走神经真的可以将我们的直觉（gut feelings，字面意思是“肠感觉”）传递给大脑。

迷走神经反应

好了，我上面说了这么多科学的东西。我们马上就要讲到迷走神经系统会被搞乱的各种方式了，但在此之前，让我们先把这些知识付诸实践，这样你就能认识到自己身体里到底发生了什么。

你还需要了解一个科学术语：迷走神经张力，指迷走神经的活动性，也就是快速有效传递信息的能力。它的传递能力越好，我们的身心就越健康。说到“张力”这个词，它其实来自用心率变异性来测量迷走神经通信效果的方法——这个话题对我来说很有趣，但说实话有点太专业了，不是我们这里要讨论的重点。

我们身体的迷走神经反应有一系列“选项”。还记得我说过求生反应中的战斗、逃跑或冻结吗？你的身体会观察周围环境，并从中选择最合理的反应。波尔格斯将这些选项用梯级结构表现出来，暗示我们会以特定顺序进入和退出某些状态。我觉得这种解释有点令人困惑，所以我更倾向于将其想象为一系列“开关”，而不是一个连续谱。

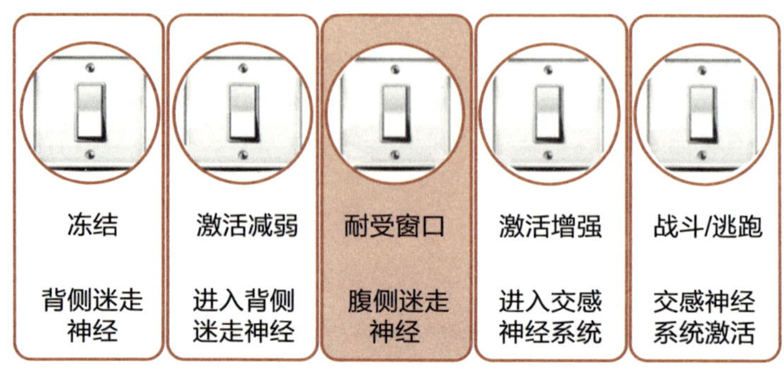

想象一排开关，中间是“安全”档，一端是“过低”，另一端是“过高”，中间还有几个开关在你的反应向上或向下移动的过程中使用。

根据经验，身体会有选择性地打开其中一个开关，这就是身体可以在战斗、逃跑或冻结之间迅速切换的原因。我曾遇到过只会冻结的人，也见过只会战斗的人，或者只会逃跑的人，这都取决于身体认为哪种方式最利于生存或缓解疼痛。

交感神经系统的开关位于两端。在“过低”那端，是冻结/崩溃反应开关，学名叫背侧迷走神经反应。在“过高”那端，是你的战逃反应，我们称之为“SNS 激活”。在安全的中央位置，是你的耐受窗口开关，在这里你的迷走神经没有察觉到威胁，副交感神经系统处于激活状态。这就是你的“小熊恰到好处”开关。就像任何光谱一样，中间都有过渡状态，而且你可以锻炼出一定程度的控制能力——你可能会被激活而陷入背侧迷走神经反应，或者向上移动进入 SNS 状态，但马上注意到自己的变化，在需要时把自己带回耐受窗口。这就是我们接下来要练习的内容。

我们的目标是保持在耐受窗口内，并尽可能地扩大这个耐受窗口。在理想情况下，我们会适度激活以应对潜在的威胁情况，但除非面临真实的攻击，否则不会进入交感神经激活或背侧迷走神经反应，对吧？但创伤反应会训练我们的身体根据过去经历的创伤来预设攻击。所以虽然从外部来看威胁可能并不真实，但在我们的内心世界里，这种威胁却是真实存在的。

肾上腺素和皮质醇对压力的调节

压力或痛苦是由我们的下丘脑 – 垂体 – 肾上腺轴（HPA）轴调节的。这就是我们的中枢神经系统，它与分泌激素的内分泌系统相辅相成。

HPA 轴可以帮助我们保持身体平衡（科学的说法是体内稳态），帮助我们对压力做出适当反应。为了保持体内稳态，我们应当迅速高效地解决问题，回到冷静状态。然而，HPA 轴处理压力需要两种主要激素——皮质醇和肾上腺素，如果经常被激活并失控，就会造成问题。

肾上腺素

当身体确定某件事为压力源时，一系列活动就会被触发。从大脑的情感中枢——杏仁核开始，向脑干区的下丘脑发送信号，因为下丘脑能释放激素，帮助我们调整至应对压力的状态。紧接着，下丘脑打开交感神经系统的开关，准备启动，并借由迷走神经向肾上腺发送信息，告诉它们是时候来一瓶能量饮料，认真工作了。

肾上腺接到指令，然后释放肾上腺素进入血液循环。肾上腺素会加快心率，升高血压，使我们吸入更多空气，瞳孔扩大，以便更好地接收视觉信息，并将血液重新分配给肌肉，做好一切准备活动。肾上腺素是我们的第一道防线。它的反应是无意识的，以至于在我们意识到之前就已经发生。无论我们在看什么、听什么或闻到什么，我们的前额叶皮质——大脑的思维部分——甚至还没来得及处理这些信息，身体就已经像灌下红牛一样启动了。肾上腺素反应来得快，消退得也快。在你受到巨大惊吓时，会感到体内能量突然涌出。可是大约 20 分钟后，你会感到有点恶心，那就是肾上腺素在消退的表现。

皮质醇

肾上腺素起作用后，如果杏仁核说：“不够，还需更多能量”，身体就会产生皮质醇。[①] 皮质醇也是交感神经系统的开关，可以导致心率和呼吸加快，就像喝了能量饮料一样，但可以持续更长时间。

皮质醇在人体发挥作用的速度比肾上腺素慢，因为它是第二道防线，旨在使我们的神经系统保持高速运行状态，以应对较长期的情况。皮质醇在体内需要更长时间的积累，消散的时间也相应更长。当我们试图测试某人的慢性压力水平时，我们会观察他的皮质醇水平。皮质醇水平上升也与迷走神经节律下降相关（可以通过心率变异性测量），这将导致我们难以保持在耐受范围内。

你也许听说过皮质醇会增加腹部脂肪并导致心脏病发作，那是因为它能够改变体内的血糖代谢，持续影响身体活动。皮质醇还会提升杏仁核的活跃度，并抑制海马体的活动（阻止海马体介入，并告诉杏仁核冷静下来），这将导致更多的皮质醇产生（感谢大脑！）。

过多的皮质醇会影响我们大脑中用于思考的部分（前额叶皮质），让人觉得昏昏沉沉、神志不清。就像创伤一样，慢性

---

① 在这里，我们真正看到了整个系统的复杂性。皮质醇并不是独立释放的。持续的威胁信号使下丘脑释放促肾上腺皮质激素释放激素（CRH），它传播到垂体（这就是 HPA 中的 P 部分），促发促肾上腺皮质激素（ACTH）的释放。然后，ACTH 到达肾上腺，促使其释放皮质醇。

压力会改变大脑中的血流，而这些血液会流向身体的肌肉，为我们应对攻击做准备。血流减少意味着大脑活动减弱，这会在我们的前额叶皮质中产生“空洞”。这会破坏我们清晰思考的能力，也会影响我们记忆与压力情境无关事物的能力。所以当你压力山大时感觉自己脑子不清楚，那是因为——没错，你压力山大时脑子就是不清楚。[①]

顺便说一句，如果皮质醇经常存在于我们体内，它就是个彻头彻尾的混蛋。从进化的角度来看，身体的这整套反应是有道理的。它保护我们免受捕食者的伤害，对吧？但现代生活已经不是这样了，我们并不适合在面对日常压力时让这种化学反应一直持续下去。

这就像开车时挡位卡在了五挡。虽然从技术上来说你还是那个驾驶员，但实际上你对车子的控制已经很有限了。你所能做的，只能是找一堆干草撞上去，好让损失降到最低，对吧？（呃，对，我可是看着《杜克兄弟》长大的，里面的车子老是跳到干草堆上，懂的都懂……）

---

① 可以通过单光子发射计算机断层扫描（SPECT 成像）测量大脑血流和电活动来确定。

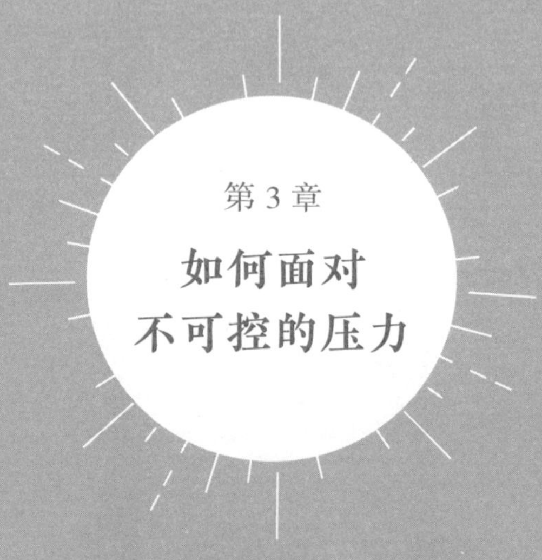

第3章 如何面对不可控的压力

我们已经掌握关于压力的基本内容，接下来就可以进一步探讨，压力给我们造成的最坏影响是什么。这部分我们将讨论慢性压力、创伤和生存模式等，也会纳入更多的科学讨论。

什么是慢性压力

那么，正常的压力反应是如何转变为慢性的、有害健康的痛苦的呢？这是一个复杂的问题，没有唯一的答案。因为人体的生理和心理系统是极其复杂的。但在过去的 10 年里，西医开始认识到在压力反应转变为慢性痛苦的过程中，炎症扮演了重要角色，而这也恰恰与 3000 年来的中医和 100 多年来的功能医学从业者所主张的观点不谋而合。

炎症是身体对感知到的威胁做出的反应，这种反应通过产生细胞因子来实现，细胞因子是一类在细胞间传递信号的蛋白质，它们在压力反应中被激活。面对慢性压力时，细胞因子在体内处于高度活跃状态，在这种情况下就很容易导致一些身心问题。

首先，压力危害我们的肠道健康。持续产生的皮质醇让身体进入战斗模式，这也就影响了身体的休息 / 消化反应。当身体没有时间进行休息和消化时，肠道保护我们抵御其他疾病的能力就会受到影响。肠道通过一种叫作分泌型免疫球蛋白 A 的抗体来保护我们，所以一旦这个运作过程崩溃，肠道中的病原体就会开始肆虐。

此外，当皮质醇开始分解肠道内的谷氨酰胺（一种必需氨基酸）时，就会剥离肠道的另一层保护。当肠道内壁的保护层被削弱时，会导致肠道通透性增强，病原体能够穿过肠道内壁进入身体的其他部分，还会破坏我们的肠道内壁以及身体的其他组织（比如肌肉），导致我们更有可能出现食物过敏、处理毒素和营养吸收能力下降等问题。

而所有这些都受迷走神经的调节，包括情感反应和与炎症相关的生理反应。

很多影响我们身心健康的问题，只要我们把它们视为压力源，就会与压力产生关联（关于这种认知以及为什么它很重要，我们稍后再谈）。要是列举所有这些问题并详细说明它们与压力的关系，估计得写成一套多卷本丛书。WebMD（人人都爱用的网络医疗诊断工具）会告诉你，慢性压力会诱发很多疾病，比如心脏病和哮喘，这只是其中的几个例子。在心理健康方面，抑郁和焦虑也与慢性压力有着密切的关联。

慢性压力带来的身体症状

- 心血管问题，如心律不齐、高血压、心脏病和中风
- 由皮质醇引发的食欲增强，导致饮食紊乱和不正常的体重波动
- 月经问题
- 性欲减退、性功能障碍、阳痿和早泄

- 头发和皮肤问题（脱发、皮疹、湿疹、痤疮等）
- 肠道不适（肠易激综合征、胃炎、溃疡、恶心、胃酸逆流、腹泻、便秘、恶心等）
- 乏力
- 头痛及其他疼痛（慢性或急性）和全身紧张
- 心跳加速和呼吸急促
- 其他神经行为（坐立不安、频挠皮肤等）
- 睡眠变化
- 食欲变化
- 比平时更容易生病（感冒、流感、感染）

情绪 / 心理方面的问题

- 精神健康问题，如抑郁症、焦虑症、创伤后应激障碍和思维障碍
- 感到焦躁和沮丧
- 情绪波动不受控制，多虑
- 感觉失控，无法控制自己
- 轻度抑郁；绝望、无助或虚无感
- 无法放松或享受平时喜欢的事物
- 避开过去通常喜欢的人和情境

- 无法集中注意力，感觉混乱和健忘
- 不断忧心
- 做出糟糕的选择和判断
- 总是从消极角度看待事物
- 难以保持有条不紊/集中注意力
- 拖延和逃避责任
- 比往常增加（药物、酒精、尼古丁、咖啡因）用量以调节情绪

对于我们这些经历各种持续性压力反应，导致 HPA 轴及其激素“小伙伴”持续亢进的人来说，这些影响开始在生活中显现出来。而且情况往往很复杂，因为很多压力症状和其他疾病的症状很相似。这到底是压力过大，还是马上就要命的“屁股癌”？（作者的幽默）

我要特别大声地说给那些担心自己会变得太“疑神疑鬼”而忽视其他严重健康问题的人听：我们始终需要排除可能存在的其他健康问题。即使不是那种马上要命的屁股癌，这些问题也很严重。你的身体正在试图引起你的注意。因为早期的压力症状会在体内演变成慢性问题，最终可能导致严重疾病（这个话题我们后面还会详细讨论）。

还有一种情况，就是你可能本来就有某些症状，而这些症状又被压力加剧了。相信看到这里，很多患有慢性身体或心理疾病的人会深有同感。再结合前文所述与压力反应相关的所有化学物质以及它们在身体内的运作方式时，你就会觉得压力导致以上症状是合理且可能的。

压力对每个人的影响都不同。但显而易见，越是长期承受压力，越可能引发一系列问题。这就是下一部分要论述的内容。

慢性压力的恶化

当慢性压力逐渐发展，很可能就会出现肾上腺疲劳。尽管听起来非常像一个临床术语，但肾上腺疲劳并不是一个被医学界正式接受的诊断，所以你也不会在任何医疗记录中找到这个诊断。肾上腺功能不全可以通过实验测量，而肾上腺疲劳无法测量，这也是该术语在医学界存在争议的部分原因。

无论把它叫作肾上腺疲劳、一般适应综合征，还是肾上腺功能减退，目前都没有确切的诊断标准来证实它的存在。这些都是笼统的说法，用来概括如身体疼痛、疲劳、紧张、睡眠障碍和消化问题等一系列症状。某个东西，如果无法测量，就很难下定义。医学界担心这些症状背后可能有其他未经治疗的疾病在作祟，例如重度抑郁症、艾迪生氏症（又称原发性慢性肾上腺皮质功能减退症），甚至是肌痛性脑脊髓炎。

这种推测当然是合理的。不过再次强调，我们讨论压力的前提是排除其他存在的严重疾病。如果排除这些问题后仍然感到不适，我们就应该把压力纳入考量。我们的身体并不适合长期处于压力状态。现代的生活方式和对未来的焦虑使我们长时间处于失衡状态。越来越多研究证明肾上腺素分泌模式与慢性疾病存在联系，如果我们忽视由压力导致的连锁反应，可能会导致 HPA 轴的失调，长此以往无异于自我虐待。最近出现了一个新术语 HPA 轴失调（HPA-D）用来取代“肾上腺疲劳”这个说法，它更准确地描述了慢性压力对身体的影响。

与其仅将肾上腺分泌作为疾病的指标，我们更应关注整个系统进入低活性状态，即因过度使用而减慢。身体为了适应持续涌入的压力激素，不得不减少相应压力激素的产生。HPA 轴激活是一个复杂的过程，其对慢性压力的适应也同样复杂，后者表现为 HPA 失调。减少压力激素的产生，我们的身体就不太能对压力做出有效响应（而这种响应仍然是必须的），这反过来又会导致更多的压力，于是恶性循环就开始了，由此可能导致一系列更复杂的身心健康问题。

在肾上腺功能完全衰竭之前，我们很难发现其内部的问题（只有到衰竭时，我们才可能诊断出艾迪生氏症、库欣综合征等疾病），但我们可以通过一个相当简单的唾液测试来检测皮质醇升高的模式。我们还可以测量个体的皮质醇觉醒反应和皮质醇与脱氢表雄酮的比值。

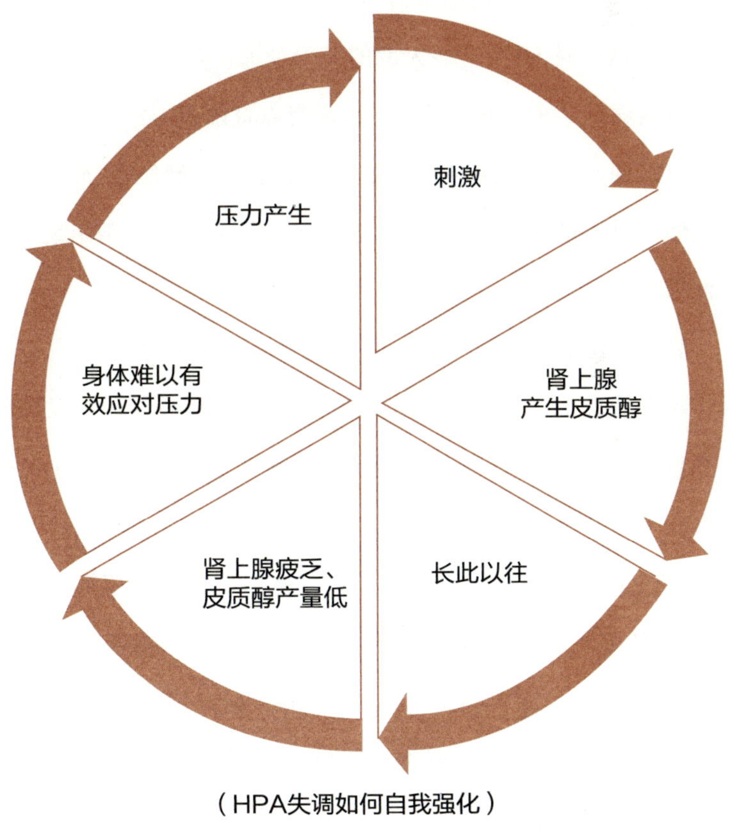

（HPA失调如何自我强化）

还有更简单的方法吗？有的。HPA 功能失调的另一个常见症状是体位性低血压（又称直立性脱虚）。也就是说，当站起来时血压下降。如果我怀疑某人有 HPA 功能失调，我会让他躺在地板上休息几分钟后测量血压（别担心，我办公室的地板很干净的，没问题）。然后让他站起来再测一次。正常情况下，人站起来时血压应该升高，但如果血压反而下降（特别是下降 10 点或更多），这就是 HPA 功能失调的一个征兆。血压下降得越多，问题可能就越严重。我知道这听起来有点荒谬，但波兰最近的一项研究发现，在所有同时患有肾上腺功能不全和肾上腺危象（因皮质醇严重不足而引发的医疗急症）的研究参与者中都出现了体位性低血压。

简而言之，现在已有专门识别身体压力指标的技术，以免人体出现更复杂的慢性心理健康问题，好比在慢性过敏发展为支气管感染或肺炎之前就进行治疗。我们也可以自查在生活中是否有 HPA 失调的典型症状。

HPA 轴失调的症状可能不是很具体，即使症状模糊，它们也可以用来评估个体健康状况。通过观察症状的表现，我们可以更准确地诊断和理解自身的健康状况。慢性压力引起的 HPA 失调症状可能与一般的压力症状有所不同，以下是它的可能表现：

- 早上起床困难
- 每天都感到疲劳
- 无法处理压力（哪怕是小事变得非常艰巨而棘手）
- 渴望食用咸的食物
- 晚上状态较好(不完全是因为你离开了工作场所或学校）
- 过度使用咖啡因之类的“兴奋剂”（我感到被针对了）
- 免疫系统较弱（随便哪种病菌都会感染到你）

如果你觉得这些描述太像自己了，建议你找一位会认真对待这些问题的医生。别找那种说“哈哈哈，放轻松，没那么糟糕！”的医生。改变生活方式确实很难，但是你已经在承受着疲惫不堪的身体带来的辛苦了，相比之下，这些改变简直就是小菜一碟！

压力与创伤

在讨论压力如何在身体中起作用时，就必须谈谈创伤。所谓创伤（事件），就是那种颠覆我们对世界基本认知的事件。创伤反应则是指我们应对发生事件的能力彻底崩溃，并开始影响生活的其他方面。

很多事情都可能是创伤的源头。我在大部分著作中都有提及，哪些伤害会导致创伤后应激障碍。但尽管如此，对许多人来说造成深度创伤的事件，并不会被我们目前的诊断手册认为是创伤，原因在于这些伤害是普遍存在的。嘉博·马特将它们称为“小创伤”，意味着它们可能在诊断上并不明显（这是一个很好的说法，意思是它们不足以严重到获得 DSM 诊断），但仍然会对我们的身心造成伤害。

创伤可以是事故、身体或心理的伤害、严重疾病、失去某些东西等，或任何哪怕设法搁置却依然让你感到力不从心的事件。有些被我们忽视的常见伤害也可能在未来对我们产生影响，也被叫作神经系统损伤或获得性脑损伤。

无论大小，创伤积累起来，都会消耗我们的能量，破坏我们的心理，并导致健康和人际关系方面的问题。创伤反应是我们对所发生事件的内在反应，如果我们没能及时治愈，就会导致创伤反应。

我们的大脑如何应对创伤

通常情况下，在经历创伤后人体大约需要三个月时间来重建平衡。也就是说，大约 90 天后，我们的情绪感应器才能恢复正常，不再以超高速运行。

当然，使用“正常”这个词也许并不准确。因为无论恢复得多好，都不会完好如初。创伤的影响是永久性的。因此，所谓的“正常”更像是一种新常态，我们找到新的生活方式，去应对突发情况，去接受缺失和新的现状。尽管我们可能永远不会完全摆脱与创伤相关的某些情感，但随着时间的推移，这些情感会变得更加可控。因为经过几个月的时间，我们的杏仁核对于创伤事件的反应不再那么激烈，也就是说，它不再处于一种高度激活的“劫持模式”，我们夺回了身体的控制权。

但在经历创伤后大约一个月，我们尚未恢复到新常态，很可能会因为创伤性应激出现创伤反应。

一旦你开始出现创伤反应（无论是否患有全面性创伤后应激障碍），你的大脑就会试图通过适应性策略来管理创伤。这些策略能够帮助我们避免直面创伤反应，从而减少心理痛苦。尽管这些策略在短期内可能有效，但它们并没有解决创伤本身的问题，危机随时可能出现。

- **刺激：**杏仁核总是处于兴奋状态，可能会导致个体在不应该感到恐慌时感到过度的情绪。无论你是否意识到这种过度反应背后的原因，大脑都会以它的方式处理它所认为的威胁，这有可能导致你突然就在杂货店里倒下了。

- **回避：** 主动回避那些可能会引发刺激的事物。你觉得杂货店很糟糕？那干脆网购，足不出户一样可以购物。
- **侵扰：** 与创伤经历相关的想法、概念、记忆开始涌入你的大脑。这些原本是大脑想避免你受伤的东西，却突然开始浮现在你的脑海。这种记忆的涌现是无意识的，不同于有意识地反复回忆。那是你最不想记起的糟糕记忆，不由自主且无法控制。
- **消极情绪：** 所有这些不好的事情发生时，你还可能感觉良好吗？甚至连“还行”可能都达不到。

这是创伤后应激障碍的四大核心症状，也是我们诊断是否患有创伤后应激障碍的方式。出现这些症状意味着在某种程度上你的大脑中随时都在重温那些创伤。

但不是每个出现创伤反应的人都患有创伤后应激障碍。创伤后应激障碍的诊断最终还要依据一份列有一系列症状和标准的清单，专业人士会根据这个清单来评估你是否具备特定数量的症状。因此，虽然有些人符合创伤后应激障碍的部分诊断标准，但还不足以确诊。

不过，不具备创伤后应激障碍的所有标准，不意味着你就完全没有问题，也不会让你奇迹般感觉好转。你现在明显处于不健康的状态，而且情况很可能会继续恶化。

这里有一个例证：退伍军人事务部（VA）在研究“9·11”事件的亲历者时，发现在那些出现了部分创伤反应症状但还没发展到创伤后应激障碍的人群中，有 20% 的人在两年后的评估中症状出现了增加，达到了创伤后应激障碍的诊断标准。可以理解，如果你不断重温你的创伤，那么与创伤相关的神经通路会在大脑中不断加强，从而使得症状加剧并最终达到创伤后应激障碍的诊断标准。

你是否有过这样的时刻：“我的大脑在胡想什么？”受创伤反应的影响，我们可能会对自己的思想、感受和行为感到困惑，而周围关心我们的人也可能感到束手无策，不知道如何提供帮助。

但请给我们的大脑一丝喘息的机会。因为虽然大脑会试图理解和处理创伤，但创伤经历可能是极其复杂和混乱的，以至于难以找到合理的解释或逻辑，所以大脑就可能让你对某些事件做出过度反应。某些记忆可能会在一瞬间触发大量负面情绪，而大脑在你还没意识到之前，就以一种保护性的方式做出反应。

嘉博·马特在他的书《正常的神话：“毒”文化中的创伤、疾病和治愈》中，讨论了创伤在生活中一些不太明显的表现。这些表现不像我们刚刚讨论的创伤后应激障碍那样显著，它们类似于小创伤事件，但依然会对个体生活产生影响。创伤的隐性症状包括以下内容：

- **反应的灵活性受限**：指的是通过反应进行思考的能力减弱。我们的第一反应可能不是最明智的选择。灵活反应是时间和阅历的产物，没有谁天生反应灵活，都是后天学会的。这是因为大脑中最活跃的部分是大脑皮层的中前部，这部分至少要到25岁左右才会发育完成。所经历的创伤事件的重要性、数量，以及经历这些事件时的年龄，都可能影响个体的反应灵活性。创伤和压力可能会削弱这种能力，导致你更难以灵活地应对响应各种情境。
- **世界观的改变**：指的是我们更加坚持一种人生观，且更难以看到世界的复杂性和我们遇到的各种情况。这种人通常持有一种消极悲观的世界观，意味着只看到世界负面和不公正的一面。但改变的世界观也可能导致另一种极端，即一些人可能会变得过于乐观，认为一切都是美好的。但无论是过于悲观还是过于乐观，都显得不切实际。
- **失去对现在的关注**：是指我们因为所经历的糟糕事件，

> 感到与自己和当前的时刻脱节。正如马特博士解释的那样，当我们失去对当下的专注时，我们更容易被一些不好的事情影响，这些事情不仅会让我们想起过去的创伤，还可能使我们更容易受到心理操纵或剥削。

许多人在经历创伤性事件和毒性压力时，还可能会存在其他微妙的改变。了解这些不那么明显、更加隐匿的反应，有利于找到最佳的解决方案。媒体和新闻充斥着关于这种反应的报道，却没有人解释它们到底意味着什么。因此，让我们深入探讨一下生存模式的形成及其影响。

压力与大脑

“求生模式”不是诊断手册的官方用语，临床医生却时常使用。生存模式也是媒体所造的术语，在视频游戏里，“求生模式”指的是玩家必须在没有暂停、不断加速且难度递增的游戏中尽可能长时间地存活，且在此过程中通常不会获得额外的支持。

所以当临床医生说“某人处于生存模式中”，意思是对于这些人而言，生活已经令人疲惫和难以忍受，以至于他们所能关注的只是如何才能生存，而无力关注如何过得好了。这可能与创伤有关，但也可能是由压力、悲伤或任何其他持续且难以克服的情绪所引起的。生活在贫困中的人（不是暂时破产）经常处于生存模式中。这意味着他们只是活在当下，只能考虑眼前的事情。

人在生存模式下会发生什么？从进化的角度来看，前额叶皮质是人类大脑中最晚才发展出来的部分，它主要用于执行机体的功能，包括谋划未来、批判地思考，发现和解决问题，以及更好地管理情绪而非受制于情绪。在处于最佳状态时，我们能够深思熟虑、权衡利弊，并基于所有可能的因素做出选择。

我已经写了很多关于创伤如何影响前额叶皮质的内容（在我独立撰写的《解放你的大脑》和其他参与编写的书中）。临床上，“触发”指在当下重温过去的创伤经历。比如，你正在商店里走着，突然听到像你的虐待狂父亲的声音，一瞬间 8 岁时的记忆涌入你的脑海，你会和当年一样立刻找地方躲起来，杏仁核开始运作。

这种做法背后的原因是什么？大脑中其他先于前额叶皮质形成的部分，不仅具有天然的保护功能，还有更快的运行速度。通常情况下，大脑执行功能需要时间来考虑和辨别，而当大脑感知到危险时，它会进入保护模式。因此，在生存受到威胁的情况下，我们没有时间慢慢思考，本能反应是优先考虑安全。

因此，临床医生所谓的求生模式，指的是一种特定的心理和行为状态，并不是当前正被触发或重新体验未愈合的创伤，而是指长期努力应对生活挑战、管理大量负面事件却缺乏支持和关怀的人。与创伤后应激障碍患者因触发而立即做出逃避反应不同，处于生存模式的人可能在某种程度上能够关注未来，但这种关注往往缺乏长期视角。他们的决策能力变得非常弱，以至于对于周围人来说可能很清楚的事情，对他们来说却是一团乱麻。打个比方，创伤反应就像完全关闭了前额叶皮层的功能，而生存模式则像是调低了前额叶皮层的活跃度。

生存模式包括如下状态：

- **疲劳 / 能量不足：**这意味着即使你得到了充分的休息，仍然感觉身体像是被掏空了。这种消耗的感受可能是身体上的、情绪上的，甚至是精神上的。
- **自我关怀不足：**更少或没有自我关怀，无论是有意的（“我没有精力做这个”）还是无意的（只是忘记了）。

具体的做法可能是不吃营养健康的食物（或者吃东西匆匆忙忙或根本不吃）、不注意卫生、没有规律的睡眠和运动。

- **只关注当下：** 只处理日常事务，或只关注几天之后的事情，但不会考虑更远的未来。如果我们只关注当下，就没有时间去想，如果现在开始朝某个方向努力、一年后可能会发生什么改变。
- **情绪不稳定：** 比过去更容易感到愤怒、不堪重负、悲伤或有其他情绪。可能更容易情绪崩溃。
- **孤立：** 可能是因为我们没有考虑与他人建立联系，也可能是因为我们感到疲惫，或担心自己的情绪不稳定。孤立可能是有意识的，也可能是无意识的。
- **冲动增加：** 这可能与只关注眼前或更加短视有关，但也可能是一种独立存在的心理现象。即使你意识到这种行为的长期后果，但依旧会优先满足当下的需求。你可能会追求更多物质、花更多钱，或者过度参与活动。

为什么讨论生存模式对于理解压力如此重要？就像此前关于小创伤的讨论，长期的压力和生存模式可能导致我们失去对生活，对自己的感知能力。在求生模式下，我们难以很好地面对挑战，同时也对生活中很多事丧失兴趣。“倦怠”和“生存模式”之类的术语无处不在，它们的确是非常重要的概念（参见第 8 章中对“倦怠”的讨论）。但它们通常只是碎片化地呈现在社交媒体的讨论上，而这种讨论方式往往会让我们无法深入理解背后更复杂的情况或问题。上述种种会使我们变得更难自愈，挫败感更强。想要自我康复，就需要掌握和了解尽可能多的信息。因为没有“一刀切”的解决方案，我们必须了解自己和周围的文化系统，才有机会克服困难。

压力的诊断

DSM（当前版本为 DSM-5-TR）确实有一个题为“创伤和应激相关障碍”的部分，但在这个类别中的所有诊断都与直接经历或目击的创伤性事件有关。也就是说，DSM 的诊断标准不包括日常生活中的压力因素，无论它们多么具有破坏性。

我们已经讨论过创伤后应激障碍，与之类似的还有一种疾病叫作急性应激障碍，它指的是更近期的创伤事件及我们的反应。怎样才算近期？比如有人正好在创伤后的三天至一月内又遭遇了创伤。为表区分，我们通常把“因没有得到及时的帮助，而患上创伤后应激障碍”诊断为急性应激障碍。

DSM-5-TR 中这一章节中的其他诊断还有关于儿童的，包括反应性依恋障碍（更内在化的疾病，看起来非常像抑郁症）和去抑制性社交互动障碍（DSED）（如其名所示，更多涉及外在的和冒险行为）。

如果你的压力与创伤无关（无论急性还是慢性），想要得到治疗，并希望能用医保，适应障碍能够满足你的要求。适应障碍是这方面最常见的诊断类型，用来描述生活中情绪或行为变化。包括抑郁症状、焦虑症状、行为问题（例如破坏性或不当行为）或这些症状的任何组合都可以用适应障碍来解释。此外，如果症状严重，临床医生还会考虑情绪障碍、焦虑障碍、去社会化障碍等其他诊断。

你可能会想“如果还是不清楚自己的症状呢？”我理解你的想法。有些情况虽然可能不满足创伤后应激障碍的诊断标准，但也足以引发个体的创伤反应。DSM 中有两个概括性类别，用于描述那些不符合创伤后应激障碍标准但又与创伤和压力相关的精神健康问题。第一个是“特定的创伤和应激相关障碍”，第二个是“非特定的创伤和应激相关障碍”。

“特定”类别指某些压力或创伤反应会造成身体上的损害，但还没达到具体的诊断标准。在这种情况下，临床医生会记录这个人有什么反应：比如感受到超乎寻常的痛苦，但又不完全符合创伤后应激障碍的标准。痛苦的原因可能与复杂的丧亲之痛有关，也可能与特定文化有关，如拉丁美洲和西班牙文化中广泛认知的神经崩溃（一种比焦虑症或惊恐症更宽泛的症状）。

“非特定”类别是在临床医生出于各种原因没有详细说明潜在问题时使用的。确切的原因可能尚不清楚，或者是因为临床医生和患者不详细说明为什么不符合创伤后应激障碍或急性应激障碍的标准。这种分类有灵活性，如果某人正在处理相当严重的创伤和压力，在生活的各个方面挣扎，并处于生存模式，那么他们就很可能符合这种诊断类别。也许他们面临的问题并不符合 DSM 中创伤压力的狭窄定义，但他们的痛苦是真实的，对他们的影响也是真实存在的。

压力并非全然负面，关键在于你如何应对，

能否学会与压力和解。

/ 第二部分 /

压力的应对

第 4 章

压力的应对常识

我们都生活在一个充满变数的时代。即便生活还算顺遂，整体状况还不错的时候，我们也很难静下心来，给自己留出思考和放松的空间。还记得吗？度假曾经意味着去体验有趣的冒险。而现在，度假变成了找个地方独处，尽可能保持安静，不思考，不行动。我接触过很多人，他们最需要的就是更多放松的时间。他们并不是精神有问题，只是不堪重负，筋疲力尽了。

我们都在寻找更好的方式来应对这一切烂事，对吧？当我说“这一切烂事”时，指的是 21 世纪做人的艰难处境。我们生活在一个充满巨大不确定性的时代：政治动荡、社会暴力、环境危机。我们过度依赖网络，感官超负荷。而在真正重要的方面却营养不良：真诚的人际连接、内心的宁静、健康的滋养、充满快乐的运动。我们对解脱的渴求，比艾丹·奎因寻找苏珊还要迫切。[①] 让我们看看近年来变得极其流行的东西：宝可梦 GO、指尖陀螺、涂色、种植物、烘焙，这些都是在生活一团糟时有助于平复心绪的事物。而且从我写作的现在到这本书出版之前，至少还可能产生三种风靡 Instagram 的有关应对技巧的活动。我们亟须这些玩意儿来解压。这些都是所谓的“应对技巧式活动”——我们都在想方设法地应付那些难以掌控的事情。

还记得我在第一章提到的 2022 年美国心理学会和哈里斯所做的压力调查报告吗？那项研究还显示，我们应对压力的工具已经捉襟见肘。大约一半的受访者称，在面对压力或挑战时，他们会把祈祷当作一种工具，也有将近半数的人说，他们是在“忍受”压力或挑战。约 30% 的人在压力下会增加安慰性进食，

---

① 指电影《秋日传奇》（*Legends of the Fall*）中的故事。艾丹·奎因是电影中的角色，他在电影中拼命寻找和追求苏珊，展现出了极度的渴望和迫切之情。——译者注

而千禧一代和Z世代表示，他们在压力下更可能选择小憩而不是锻炼。

这并不是在否认安慰性进食或小憩的作用，我也经常这么干。当我头痛欲裂、不知所措时，没什么比速食土豆泥更有效了。我举这个例子，并非想让人们对自己的应对方式感到羞愧，而是为了证明，我们正在应付的一切的确很令人疲惫，我们经常感到陷入僵局、力不从心，以至于很难再探索其他应对压力的工具或选项。

所以在讨论具体的应对技巧及其工作原理之前，我想尽可能清楚地对还踟蹰不前的各位说几句：需要帮助不是软弱或有精神疾病的表现。相反，这说明你是处于一个异常的文化下的正常人。莉莉·汤姆林曾经说过："对于所有与现实世界有接触的人来说，现实是导致压力的主要原因。"

关于你，以及为什么有时你会挣扎并急需应对技巧，有几个完整且基本的事实：

- 没有所谓的错误反应，只有适应性反应。
- 你所经历的一切，让你的身体始终无意识地保持极端谨慎的状态，这是身体认为的活着和安全感。
- 你不是主动地选择关闭自己。

- 这不是一种“心理”疾病，而是人体的一种生理状态。
- 你不是精神失常，而是根据当时所拥有的唯一信息——你之前的情况——适应了周围的环境。

你可能会想“得了吧，别对我这么客气，也别为我开脱。我就是疯了，现在不需要什么人来为我辩解。”是啊，说实话，我并不是个好好先生。同理心？那倒是有的。但要说我过于心善而且总是纵容别人？从古至今还没人这么说过我呢。无论别人把什么烂事强加到你头上，你都得为自己的行为负责。也许这不是你自找的麻烦，但现在这个烂摊子确实是你的了。

“应对技巧”是我们经常使用的一个短语，我将把它定义为：

有意识地努力利用资源来管理或缓解压力。这些压力因素可能是内在的（如健康问题、创伤性回忆、消极的自我评价等），也可能是外在的（发生糟糕的戏剧性的事件以及世界上所有疯狂离奇的事件）。

书中的应对技巧是我们用来管理压力并防止陷入痛苦的

工具。它们也可以帮助我们控制情绪触发点，并在我们被触发时减轻反应。

当然，我们也可以提出一个更广泛的定义。应对技巧可以是我们应对人际或内在冲突时用来自我安慰的任何方式，无论是有意识的还是无意识的。弗洛伊德（包括西格蒙德和安娜两父女）称无意识的应对策略为“防御机制”。荣格分析师詹姆斯·霍利斯（James Hollis）将它们称为“反射性焦虑管理系统”。

但我们需要以更自觉和主动的方式来构建应对技巧。心理治疗的历史不断警示我们：如果我们不能自觉地有效地应对压力，大脑则会生成一些不健康的应对技巧。例如，如果让我的大脑自行决定，它就选择让我狂吃玉米片和在床上摆烂。

在压力的影响下，身体为了处理生理和心理的问题，可能无所不用其极。这不代表我们的身体适应能力不强，反而恰恰说明了身体的智能。我们需要应对技巧、需要资源来对抗压力、防止痛苦，需要应对机制来管理这些感受被触发时的反应。当你掌握新工具并因此形成新的神经通路时，就会越来越容易使身体恢复平衡。

所以这本书的第二部分关注的是有意识的、主动的应对。你可能已经从第一部分了解到，人们对大脑及其工作原理已经了解得越来越多。我们知道，人有大脑才能生存。但后来逐渐发现，人之所以成为人，不仅是因为有能发送和接收信息的实体大脑，使我们成为独特的、多变的、难以定义的自我的，是人类的思想。所以你不仅需要大脑，还需要思想以获得成长和治愈。

因此，本书的下一部分将专注于思想，而不是大脑，聚焦于我们如何在极为苛刻且令人沮丧的情况下，运用应对技巧，重新夺回我们对身体的掌控权。说真的，谁能说清现在世界上发生的这些事呢？所以有时候，我们唯一拥有的权力就是决定自己如何做出反应。如果这是我们唯一剩下的东西，那就尽可能抓住我们的理智和人性。

另外，值得注意的是，如何处理让我们不舒服的事呢？让我们回到对压力和痛苦的定义。每件事都或多或少需要我们付出精力，这一点不可避免。如果有段时间你手头拮据，却不巧洒了一杯刚买的美式咖啡，此时你的心情可能和遭遇车祸一样痛苦。这种也许不是你的身体上的痛苦，而是内心感受到的痛苦。

你肯定在想，我的这些论述和观点最终会引出什么结论，以及它是否符合你的理论取向。嘿，我希望如此！我特意从各种实践证据和成熟的治疗方法中，提取了我发现最有效和最有用的东西。你将会从中发现认知行为疗法、辩证行为疗法、接受与承诺疗法、积极心理学、正念减压疗法、身体体验疗法、关系文化疗法，以及经典的荣格疗法。这是折中主义的最佳体现！

常见的挑战

应对技巧并非玄乎其玄，它们能管理受影响发生改变的生理状态并重新激活副交感神经系统。它们是在身体处于压力状态下进行思考、感受和行动的方式。我们无法控制大脑的生存反应，但我们可以与它协商，证明它对情境的解读不够准确，并处理好当前的情境。

但由于我们拥有独特的、能够与自我保护的大脑相作用的人类心智，所以应对技巧并没有那么简单。通常，我们要么想得太多，要么想得太少。说实话，我们非常擅长以下列方式给自己找麻烦：

- 我们有应对技巧，但它们不够健康。
- 我们曾经有应对技巧，但它们已经失效。
- 当通常有效的技巧不再奏效时，我们缺乏可用的策略。

- 我们会在关键时刻忘记使用我们的策略。
- 我们不确定在某些情况下应该使用哪些策略。

所以我们应当如何处理上述情况，并更好地解决问题呢？

- 当你没有被激活时，进行大量实践。治疗术语称之为“过度学习”。不是说要练习到做对为止，而是要练习到不会出错。正如李小龙所说：“在压力下，我们的表现不可能超出预期，只会跌至我们的训练水平。”
- 尝试不同的选择。如果你有一些常能奏效的技巧，那当然再好不过了。如果有更多的好技巧作为备选，防止你的大脑形成“耐药性”，你会更加成功。
- 对你所处理的事情进行编码。我创建了四个应对技巧（下一部分将展开详细介绍）。其中两种聚焦于情感（旨在处理我们对必须经历而无法改变的事情的内在反应），另外两种聚焦于问题（旨在帮助你以不同的方式生存，解决当前必须应对的任何糟糕的事）。当然，技巧不限于上述几种类别。你需要先管理自己的反应，然后才能改变世界。但是如果能认识到需要哪种导向的技巧，你可以把自己从低效工作的状态中解救出来。比如，若是你试图强行改变一个无法改变的情况，可能会因失败而感到沮丧，但如果你把精力用于学习管理内心对周围混乱的反应，就可能会摸索出很好的聚焦于情感的应对技巧。

应对压力的技巧

世界上有成千上万种应对技巧——至少，当我在阅读相关资料时，我感觉如此。然而，这些概念化的应对方式并不完全符合我对应对过程的看法，所以我决定建构自己的框架（就像我决定亲自动手，对压力进行分类一样……我确实喜欢给自己制造难题）。

我为什么坚持这样做？另外，我的脑海中为何会想到这些分类？因为许多其他作者和学者在创建应对技巧类别时，倾向于将认知应对技巧与情感应对技巧区分开来对待。但这样做其实没什么用，因为二者其实会在持续的反馈循环中互相影响。

我们不仅是“会思考的苇草”，更是有情感的生物。我们首先依赖于感受，而感受影响我们的思想。一些咨询理论主张，你根本无法将二者分开，而是喜欢将它们视作一体：

情感思想。所以任何有价值的应对技巧都会同时瞄准思想和情感。

将应对技巧分为“有帮助”和“无帮助”这样的类别则令人恼火。因为应对技巧很难用好与坏的二分法来明确区分。我甚至还看到更局限的分类方法，比如聚焦于个人参与某项工作的能力，这项工作是否让他们感觉自己在世界上产生了积极影响。这种分类实质上是把职业视作一种应对技巧。这似乎也是有道理的，一般人很难拥有那样的工作，但大多数人必须找到其他方式，来使自己能对周围的世界产生积极影响。

所以，下面是我基于大脑工作原理（科学）和混乱的现实生活（社会）提出的分类。并非所有人都有奢侈的条件能够成为主动改变世界的行动者，坚持这种不切实际的假设可能会对人们的心理造成压力，使他们感到迷惘，认为自己无法妥善管理人类的基本情感和反应。所以，结合现实生活中存在的挑战和限制，我创建了个人的应对技巧分类。

直面困境的技巧：这些技巧用于事情变得一团糟时，你所拥有的唯一力量就是你自己的反应。这是帮助你在不失去理智的情况下生存下来的关键技巧。

内在柔道技巧：处理我们头脑中的各种胡思乱想。我们如何管理好头脑中的思绪，给自己更多的掌控感，同时又不自欺欺人？

减少胡思乱想的技巧：这一点更聚焦于行为，即我们如何组织自己的行为创造更好的结果，来面对混沌无序的外部世界？

寻找小马技巧：这些是能够改变社会的、高阶的应对技巧，哪怕你只是个无名小卒，也能使世界变得更好。这项技巧有一个不为人所知的额外好处，它使得其他事情变得更容易，你既可以让人觉得自己是个圣人，同时又可以非常自我。

以上应对技巧也许能帮助你处理任何类型的压力。例如，你正在经历的事情拖延很久，且无可逃避，“直面困境的技巧”也许会更有效。此处我就不用流程图来说明压力因素如何与技巧一一对应了，因为每个人的具体情况都不一样。我们只需关注外在的情况，比如生活在一个战乱中的国家，也许“直面困境的技巧”在理论上效果最好，但也许“减少胡思乱想的技巧”更契合你看待世界的方式，能给你带来更切实的影响。处于此种情况下，没有正确的答案，只要能在困境中照顾好自己，就是最好的方法。

海豹突击队训练

我想，在深入探讨这四类应对技巧（接下来的章节会讨论）之前，最好先介绍一套普适性的、入门型的应对技巧。听上去很简单，对吧？结果，我花了很长时间，才想清楚如何把上述四种技巧都包括在内。答案就是海豹突击队。

先介绍一下背景。美国海军总是不遗余力地挑选最强悍、最健壮的人，参加海豹突击队的训练。首先，这些新兵必须完成一系列“发展性”课程。然后是著名的为期六个月的基础水下爆破 / 海豹突击队训练（BUD/S）课程。

虽然入选的士兵体力都是达标的，海豹训练营的淘汰率仍高得出奇（高达 75%）。这种情况持续多年，后来，海军委托心理学家去研究那 25% 成功者，看他们有何特异之处。不出所料，他们发现这些人成功的关键在于心理能力，而不是体能。他们发现的四种基本能力，后来被称为“心理坚韧的四大支柱”，实际就涵盖了我上面列出的所有应对技巧。这四大支柱代表了一套相互关联的应对技巧组合，可供我们所有人参考借鉴。

第一个支柱：非常短期且具体的目标设定

失败的根源在于设定了一个需要很长一段时间才能实现或者模糊的目标。我们需要一个可量化的终点，它必须就在眼前。海豹突击队员当中，专注于完成手头训练活动而不是整个课程的人，在完成整个项目方面要成功得多。“好吧，让我完成眼前这个任务，之后再考虑是否放弃。”我当年就是这样说服自己把博士读下来的。

第二个支柱：积极的心理想象

这意味着在心里想象自己已经成功完成任务而不是总关注眼前的困难。人类天生就善于做消极的打算，预见失败的场景，这是人类的一种生存技能。然而，这会导致大脑下达“中止任务”的命令。我们可以在心里预演某件事的成功，来取代这种下意识的负面反应，这样做更有助于我们获得成功。

第三个支柱：积极的自我对话

看看这个：我们内心的对话速度远远高于我们的口头表达，它的速度高达每分钟 4000 个单词！如果我们又将负面、消极的想法夸大，后果不堪设想。相反，如果我们有意识地进行积极的自我对话，多尝试鼓励自己，就更有可能成功。

提醒自己，与你所经历的一切相比，目前这点事不算什么。况且，到目前为止，你的生存率是100%，成功的机会把握在你的手中。

第四个支柱：管理自我激活

要应对压力，很大一部分就是管理我们的皮质醇和肾上腺素的产生，使身体不被激活而保持身体平静的技巧反过来又能更好地控制感觉和想法。呼吸技术是其中的重要一环，这就是为什么我在之前的书中多多少少都会谈及与呼吸技术相关的方方面面。海豹突击队使用的一项基本技术是4×4，吸气4秒，然后呼气4秒。它比其他技巧都简单，因此在大脑和身体进入绝对恐慌模式时（除非是候选人的手腕和脚踝都被绑了起来，然后被扔进一个水池模拟溺水，此时呼吸技术就不那么有效了），也更容易调用。在我们感到极度恐惧的瞬间，呼吸技术极其有效。因为这个方法对于许多情况来说太有帮助了，所以我在下一章中讨论我最喜欢的技巧时，就加入了一个稍微增强版的海豹突击队呼吸技术。

好极了。现在我们可以在需要时使用海豹突击队的技巧了。那么是否还有几乎任何人都能用得上的、更基本的应对技巧呢？我为大家准备了以下这些！

常写感恩日记

目前有大量研究表明，常怀感恩之情，有益于心理健康。例如，感恩可以帮助我们建立更积极的关系，减少抑郁，增强心理韧性，改善身体健康，减少内在的有害情绪（如增加同理心和减少抑郁），以及改善睡眠质量和时长（研究发现好处还不止这些）。

感恩为何有如此多的益处呢？感恩日记可以激活大脑的两个不同部分：下丘脑（压力调节器）和腹侧被盖区（奖励系统激活器）。这不仅能使我们减少压力，还通过增加血清素和多巴胺（这就是为什么一些研究者称感恩为“天然抗抑郁药”），使我们萌生出（极其小的）中彩票的感觉。

并不是说事情本身不会变糟，或者说我们不需要努力就能使情况改善。感恩并不能取代现实中种种切实的努力。但它能重新调整我们与重要事物的关系。当我们面对挑战时，感恩能帮我们记住自己为之努力的东西。

当我们面对挑战时，就可以试试写感恩日记。这么做可以将感恩有条理地融入我们的日常生活。但具体该怎么做呢？我建议每天都要写，同时每周让自己关注一个特定的主题（这有助于你养成习惯并长期坚持下去，防止你的大脑对每天都做的琐事感到厌倦）。以下是一些可以尝试的主题[①]：

- 我感激日常小确幸。
- 我感激那些让我的生活变得更轻松的物品。
- 我感激世上的美。
- 我感激他人之善。
- 我感激我所拥有的健康的压力管理技巧。
- 我感激我所学到的新技巧。
- 我感激我所完成的任务。
- 我感激我所制订的未来计划。
- 我感激我对他人的同情心。
- 我感激我所采用的自我关怀策略。
- 我感激积极的认知转变（思维变化）。
- 我感激我所建立的舒适圈。

情绪释放技巧

我认为这个技巧更具包容性，研究也表明，它在各个方

① 这些内容摘自我 2019 年出版的《12 周感恩日记》（*12 Week Gratitude Journal*），书中还包含更多有关感恩日记的有用信息。

面都是有用的，而不仅是像以前认为的那样，只对治疗的某些方面有帮助。至于海豹突击队有没用过这个技巧，就不得而知了。

情绪释放技巧（Emotional Freedom Technique，EFT）其实就是情绪穴位按摩。它是一种自我关怀策略，在多种问题上都非常奏效，尤其能够治疗焦虑和慢性疼痛，并能帮助优秀的运动员达到巅峰表现。在这个充斥着花哨且价格昂贵疗法的时代，这个技巧不仅完全免费、容易学习，而且不需要任何道具、设备或特殊服装。

情绪穴位按摩是能量心理学的一个分支，它融合了东西方关于身心联系的理论，来促进治疗。直到研究生阶段，我才第一次听说能量心理学，这已经是很久以前的事了，但随着时间推移和普及度的增长，市面上铺天盖地都是对敲击疗法的宣传。

敲击疗法使用的是和有5000年历史的中医技术相同的原理。与针灸不同的是，敲击是用手指完成的。通过手指按压穴位，激活头部、胸部和手上的特定经络。

在进行敲击时，专注于一个你正在努力解决的具体问题，可能是慢性疼痛、创伤性事件、焦虑、抑郁等。在此过程中，你要认识到这些压力的存在，同时将注意力转移到恢复身体平衡的能力上来。

这是不是意味着，在默念斯图尔特·斯莫利式的肯定语句时，敲击自己的锁骨呢？有点这个意思。当我最初了解到能量心理学时，我觉得当我的治疗遇到障碍时，这个方法可能有效，且不会造成任何伤害。所以我有时也会尝试这个办法，而患者们都说它很有帮助。随着时间的推移，相关研究越来越多，人们也越来越了解敲击疗法及其运作过程。目前，情绪穴位按摩疗法之一——思维场疗法（Thought Field Therapy，TFT），被列入物质滥用和精神健康服务管理局（SAMHSA）维护的国家循证项目与实践注册系统（NREPP）。尽管它看起来比传统的西方医学实践显得有些玄乎，但它获得了行医许可。

为了更好地理解敲击疗法的工作机制，让我们回到我一直提到的多层迷走神经理论。由斯蒂芬·波格斯（Stephen Porges）（我们上面提到的多层迷走神经理论方面的权威）和德布·达娜（Deb Dana）合著的一本深奥且专业性极强的多层迷走神经理论著作《多层迷走神经理论的临床应用》（*Clinical Applications of the Polyvagal Theory*），其中有一章是关于情绪穴位按摩的，它指出我们机体被轻柔地唤醒，有助于治疗腹侧迷走神经调节的流动。也就是说，当外界事件扰乱了我们身体的内部秩序时，敲击能够促进身体自我修复，恢复平静。

敲击有助于让进化程度更高的迷走神经分支控制局面，使这些分支处于激活状态，而不是让大脑总是处于紧张、一点就着的状态。正因如此，EFT 对压力、焦虑、抑郁、创伤后应激障碍和其他创伤反应等问题非常有效。

如果你曾经做过针灸，你就知道它有多复杂。在人体的穴位中，有 361 个（加上 36 个额外的穴位）可以用来疏通淤滞，让能量流动。而 EFT 只需要激活 12 个经脉（6 阴 6 阳）和任督二脉。通过刺激某些穴位，我们可以沿着一条经络发送平衡的能量，同时就能影响体内其他经络。

一些能量医学的研究表明，通过体内的能量经络间接地影响神经系统，比直接影响要快 10 倍，这是有道理的，因为经络就是我们现在所说的血管系统。因此有 5000 年历史的中医有值得学习借鉴的地方。敲击技术可能看起来很玄乎，但确实能带来极大好处。

怎样进行 EFT 敲击

那么，你如何运用这个技巧呢？在这一节中，我们将介绍一些基本的专注动作和轻拍技巧。我将为大家详细讲解动作的顺序，还会附上一些基本的插图，展示在哪里轻拍以及这样做为何有效。

大家如果仍不太明白，YouTube 上有大量视频演示如何去做。大家如果觉得单纯看文字想象不出来如何去做，可以找一段视频来看看，立即就能明白了。

1. 确定问题

你想要解决的具体问题是什么？它可能是创伤性的记忆、慢性疼痛或者是一次难以释怀的尴尬经历。专注于一个单一的、容易定义的问题。如果你选择的问题本身复杂或将问题复杂化，敲击就不会那么有效。

2. 评估强度

你只需用 0 到 10 的等级来评估这个问题目前在多大程度上影响到你。0 表示完全没影响，而 10 表示影响前所未有得大。

这将帮助我们了解 EFT 对你是否有效，因为我们希望看到的就是你在治疗的过程中，影响的等级逐渐变小。

如果你身体疼痛，那就评估此时感受到的疼痛程度。如果是情感上的，那就聚焦于那些记忆，并评估它们带给你的负面情绪的程度。

3. 明确设定

所谓的“设定”就是承认你正在处理问题，尽管这个问题对你有所阻碍，你仍然完全接受自己。在敲击第一个点（空手道劈，又称 KC 点）时，你可以说一个简单的句子，让大脑与有意解决的问题联系在一起。

标准的设定如下：

“尽管我有 ××× 这个问题，我仍然深深地、完全接受自己。”

这一步相当简单。它只是向你的系统提醒你正在处理什么。它可以是“这个头痛”“这种焦虑”或“这个糟糕的记忆”。你只是在为你正在为之挣扎的事情创建一个标签。

我知道，上面的例子听起来很俗气。你完全可以调整设定内容……但重要的是真诚和认真。你必须杜绝内心涌起的愤世情绪，否则意味着你不信任这个过程，这样反倒会加重你起初想解决的问题。我们只是尝试新东西，对吧？请对它足够信任，并尝试一下。

我建议先尝试标准设定，在觉得舒适之后，再根据具体需求进行调整。与自己对话能产生很大的力量，但如果你的设定内容不切实际，这么做也无济于事。

也许听起来很奇怪，但你确实要专注于消极方面。即便你正在使用 EFT 来提升表现，你也要关注自己在哪些方面尚未达到预期。之所以要这么做，是因为这种消极情绪已经存在，阻碍了你的能量流动，我们必须命名并承认它存在，以便将其从我们的身体中清除。我这么说大家明白了吗？

4. 按顺序敲击

你将使用一部分设定脚本，专注于试图清除的负面情绪，按顺序进行敲击。像我上面提到的，把问题简单化。“这个头痛”这样的表述就非常完美……除非头痛不是你的问题！

随着体感变得舒适（如果是你自己操作），或者在与一个接受过 EFT 培训的治疗师合作过程中，可以稍微调整你的设定内容。我通常根据客户存在的不同问题，调整脚本并引导他们，以辅助治疗进程。

重要的是，在整个敲击序列中使用你的设定内容（重复你正在处理的事情）来帮助你专注于正在处理的事情。与常规的穴位按压或针灸不同，敲击是在治疗过程中添加直接的正念，这样你就能记住你正在处理什么以及为什么要这么做！

在本章的最后，我用剪贴画和记号笔制作了一个非常花哨的图表，把所有的敲击点可视化。我制作高科技图形可是不遗余力哦！

KC：空手道劈是让身体感知经络工作的起始点！你在做空手道劈时会用到的手掌部分——你的手掌外侧，小指和手腕之间有一个柔软、多肉的部分——那就是你要轻拍的地方（左右手都可以）。大多数人会用食指和中指按压，不过找出对你来说最舒服的方式就行。你在重复你的设定内容时进行敲击或按压，力度就像你在拍朋友的肩膀以引起他们的注意一样。（是的，“空手道劈”这个说法真的很糟糕。我之所以沿用它，只是因为所有的EFT文献中都使用了这个术语，我试图与这些文献保持一致。当然了，这个借口挺勉强的。究竟如何命名，我想听听大家的高见！）

TH：字面意思是你头顶的正中间。好找吧？

EB：敲击的点位于你双眉的中点，就在眉毛上方，鼻梁之上。如果你是连眉，可能就比较难找，那么你可以直接在眼眶边缘上方敲击（左右眉毛都可以）。

SE：眼睛的侧面。它是眼睛的外围（和你用来轻扣眉毛的那只眼睛是同一只）。眼眶骨的边缘。那些会画猫眼妆的人可能对它很熟悉。

UE：眼睛的下方。在你的眼眶底部中间的骨头上……大约在你瞳孔下方一英寸的位置。

UN：鼻子的下方，你的鼻子底部和上唇之间的那个小凹陷。

这个区域被称为人中。(掌握这些，你已经可以参加《危险边缘》这档智力竞赛节目了！)

CH：位于你下巴尖和下唇底部的中间。实际上它并不在下巴上，但下巴这个词让它容易记住。这是脸上的另一个小沟，被称为唇颏沟。

CB：代表锁骨，实际上是胸骨与第一肋骨相接的区域。胸骨顶部有一个 U 形的凹槽。把你的手指放在那里，然后向下一英寸，再向左或向右移动一英寸。一旦你找到了正确的位置，下次就很容易再找到了。我们的目标是找到臂丛神经束。找到了就能事半功倍！

UA：代表腋下。它在身体的侧面，大约在腋窝下方四英寸的位置。如果你穿胸罩，它会在胸罩带的中间。如果你胸部平坦，它会与你的乳头所在的位置处于同一水平线。

5. 注意情绪的各个面向

当你进行EFT时，一些你之前没有意识到的东西会浮现出来。最初进行 EFT 可能会触发某些情绪让你不太舒服，在 EFT 里，我们把这些不太容易察觉的问题叫作“情绪的面向”。

很多时候，我们可能在一个疗程中无意中触及这些面向的其中一个。当你触及时，你感受到的情绪强度可能增加。

不过，这没关系。如果出现了其他问题，你可以将其作为一个独立的问题来关注，给它新的设定，并作为一个单独的问题来处理。

6. 重新评估问题和各个方面

现在，你将在 0 到 10 的等级上评估原初问题的强度。

如果出现了新的方面，那么就分别评级，并作为新的问题来处理。只要你继续感受到强度的存在，你就知道还有问题需要处理。一旦你认为所有方面都已解决，那么请重新评估原初问题的强度，看看是否还有任何遗留问题需要处理。

就像处理问题的各个方面一样，任何残留的强度感都表明原初问题尚未解决。这没关系，你可以将其降低到一个可控的程度。如果在未来某个时候发现它再次爆发，你可以用 EFT 将其再次降低到可控的程度。

如果你发现问题没有彻底解决，那么记录它爆发的情况和你所注意到的强度，可能也会有所帮助。

当所有方面似乎都已解决时，重新评估整个问题的等级，看看是否还有遗留问题。

小结：

1. 确定问题。

2. 评估强度。

3. 通过话语脚本进行设定。

4. 按顺序敲击，继续使用你的设定内容。

5. 重新评估强度。检查需要用新设定来处理的面向，并根据需要调整你的内容。

敲击点与传统中医的关系

EFT 敲击点	经络	释放	功能
TH（头顶）	督脉	内在批评、缺乏专注力和重复且无效的“仓鼠跑轮”思维	洞察力、直觉、精神联系、专注力、智慧、精神辨识力和思路清晰
EB（眉毛）	膀胱经	创伤、伤害、悲伤、不安、焦躁、挫折和恐惧	内心平静和情感疗愈
SE（眼侧）	胆经	愤怒、怨恨、对变化的恐惧和混乱思绪	思路清晰、同情和理解
UE（眼底）	胃经	恐惧、焦虑、担忧、空虚、紧张和失望	知足、平静、安全感

（续表）

EFT 敲击点	经络	释放	功能
UN（鼻子下方）	督脉	尴尬、羞愧、内疚、悲伤、害怕被嘲笑、无力感、害怕失败和心理逆转	自我赋权、自我接受、对自己和他人的同情
CH（下巴）	任脉	困惑、不确定性、尴尬、羞愧和犹豫不决	确信性、思路清晰、自信和自我接受
CB（锁骨）	肾经	心理逆转、担忧、犹豫不决、感觉困扰和普遍压力	轻松向前迈进、信心和头脑清晰
UA（腋下）	脾经	内疚、困扰、担忧、绝望、不安全感和自尊心低	头脑清晰、自信、放松及对自己和他人的同情

注：你会注意到空手道劈点不在这个清单上，因为它是人体中不对应能量经络的穴位之一。

特别感谢乔治·塔瓦雷斯医生在这份图表上给予的帮助。尽管我威胁他说，如果有任何错误，我会公开责怪他，他还是帮助了我。他不仅非常有耐心，还是一位杰出的中医。

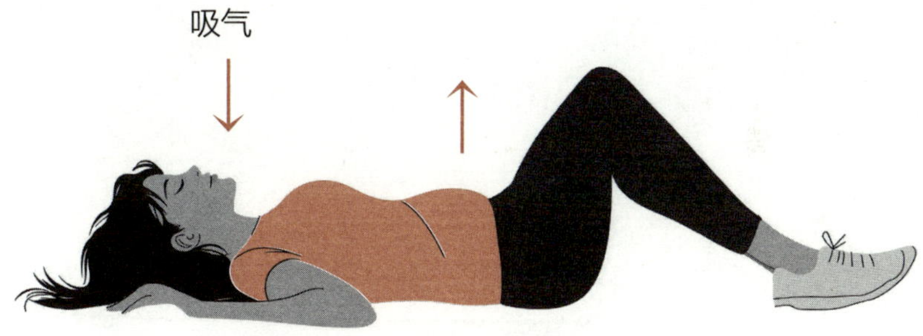
吸气

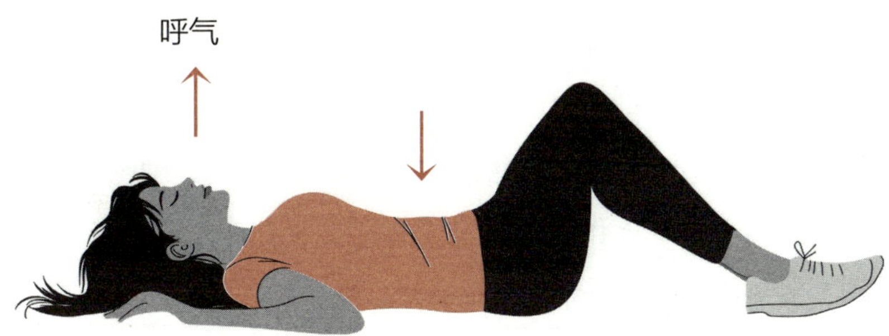
呼气

第 5 章

压力的应对技巧

生存永远是我们的首要任务。然后，当我们可以熟练地掌握更多策略，才能真正实现繁荣。这里有一个十分恰当的比喻：

当你正处在生存模式时，压力对你而言就像一条湍急的河流。你想过河，但不小心摔倒了。你试图穿过水流，它却裹挟你顺流而下，你甚至可能有溺水的危险。这时恰好有一根木头飘过，你奋力抓住它。你可以抓着木头让自己浮起来，这样不再有溺水的危险，也可以休息片刻。

但问题是，你仍然漂在河里，被河水带到了下游，这可不是你原本的目的地。但无论发生什么，当你再次需要穿过河流时，你都会学会了用木头来支撑片刻。

这是我们应对各种压力、不适和混乱情况时所采取的方式，旨在帮助我们保持理智，避免崩溃。这些技巧通常被治疗师称为“忍受痛苦”的能力。

这些技巧可以帮助管理糟糕的感觉与想法。不是试图挑战或以任何方式改变糟糕的想法，而是去说：“哦，这感觉糟糕透了，但我可以处理这个问题。感觉与想法只是我身体传来的信息，糟糕的事总会消散。它们不会永远持续下去。我不必因此而崩溃。”

锚定技巧

锚定技巧是我经常提到的一种方法。它们简单且有效，能帮助我们保持当下的意识并时刻关注自己的身体和周围环境。如果你是一个创伤的幸存者（嘿，我们不都是吗？），那么当现在的生活变得艰难时，你很容易就会开始回忆过去的创伤经历。锚定技巧是一种随时随地都可用的应对技巧，不需要任何成本，而且哪怕在公交车上使用它们，也不会让你显得像个怪人。

精神锚定

精神锚定旨在将你的注意力集中在当前情况和周围环境，

使你保持在当下，帮助你在已经有压力反应的情况下，提醒自己在哪个地方，始终保持对自己的思想的控制。

- 用海豹突击队的积极自我对话风格，说一些安慰自己的话。它可能是“我做到了”或“困难都是暂时的”或“就像得了肾结石一样痛苦，但总会过去”。无论如何，对你有效就可以。
- 和自己玩文字游戏。列出所有喜欢的电视节目、电影、书籍、歌曲等。目的是从语义记忆中提取信息，这样就可以避免沉湎于情绪记忆中。
- 详细描述你当前关注的某件事。它可能是你眼前看到的所有颜色，或者你手中拿着的一篇文章。
- 在脑海中浏览一遍你的日程，或者为你喜欢的活动做些准备工作。这是访问或利用程序性记忆，它是一种像语义记忆一样的陈述性记忆，有助于使你从被触发的负面情绪中脱离出来。

身体锚定

我们都体验过一个神奇的魔术，那就是我们竟然可以在心理上完全逃离目前所处的地方。你的老师在教室唠叨？那就走一会儿神，让精神逃到操场上。当我们回过神来，我们就会惊觉“糟糕，我怎么回到我的身体里了？”身体锚定做的就是这样的事情。

- 注意你的呼吸。只是物理上的呼气、吸气。当你的思绪开始飘忽，把注意力移回到呼吸上。
- 有意识地走路。注意你走的每一步，以及你的脚掌接触地面的感觉。如果你的思绪开始离你远去，可以尝试拿一杯水，并专注于不让水洒出来，让思绪重新回来。
- 触摸你周围的东西。
- 上下跳跃。
- 专注地吃东西，注意食物的味道和口感。
- 光脚踩地。试着脱掉你的鞋，感受一下你脚下的地面。
- 如果别人触摸你会让你感到安全，让他们把手放在你的肩膀上，提醒你把思绪拉回到身体里。

方形呼吸

为了让自己完全平静下来，我们可以在胸式呼吸之外，尝试一下腹式呼吸。腹式呼吸可以促使我们的脑波在阿尔法波段（放松和专注）下运行。如果你以前从未这样做过，那就躺下来，在你的肚子上放一个较轻的东西，让它随着你的呼吸上下移动。这就是一种功能性的应对技巧。

方形呼吸来自辩证行为疗法，这是对海豹突击队呼吸技巧的一个相当简单的扩展：

- 吸气，从 1 数到 4。
- 屏住呼吸，从 1 数到 4。
- 呼气，从 1 数到 4。
- 再次屏住呼吸，从 1 数到 4。

按这个顺序再重复 3 次（是的，你算对了……总共是 4 轮）。如果这对你有帮助，你完全可以重复更多轮。但至少要完成 4 轮，然后再检查一下自己的压力水平。

摆动和滴定技巧

我们可以把一些事物看作压力源或对创伤事件的提醒。“提醒”的作用在于，当你开始注意到与负面情绪或冲动相关的思想、感觉和身体反应，你会预知接下来自己的情绪很可能在不到 1 分钟的时间内就从良好变得失调。

与感觉相关的语言描述有助于我们认识到身体发生的事情，哪怕语言失效（语言不起作用是有原因的：负责语言的大脑区域，称为布洛卡区，在创伤反应中变得不活跃）。一旦我们开始关注到创伤反应被触发时的感觉，加以识别和理解就可以更好地控制身体反应。

摆动理论是彼得·莱文（Peter Levine）提出的，他的工作聚焦于创伤的身体体验，也就是我们的身体如何承受创伤。

当你感到情绪波动，尤其在被激活时，就可以开始摆动了。但是，摆动不是要你停留在那个状态，而是找到一个平静和安全的空间。这个空间就像沙漠中的绿洲，或是手头可以利用的资源，或是自然而然就会帮助你的人或事。

摆动是教自己从被激活的感觉中移出，进入平静的空间。这个原理是，所有人的内心都有一个属于自己的安全空间，我们从中汲取力量，可以在被激活时仍保持掌控，并学会在更长时间内容忍与激活相关的感觉和情绪。管理整个过程的其中一种方式就是滴定。滴定是一次一小步处理我们所有感受的一种方式，无论面对的压力是大是小。我们有意识地努力放慢一切，以便我们能用可管理、模块化的方式来处理它。滴定是我们暂停的过程，以便更好地了解我们身体的反应。

所以当你开始意识到你被激活时，让自己感知负面的东西，然后提醒自己可以有意地移动到平静空间，从中汲取能量，并逐步处理和释放你的体验。

一旦找到能够忍受激活的方法，它就无法再控制你。它不再劫持你的整个存在，这意味着你能够管理自己的反应，能再次启用你的前额皮质，此时激活就会开始消散。

摆动练习

这种练习需要尝试几次之后才习惯。下面就是入门的指南。

首先扫描你的身体，找到哪些部位在你有压力时容易感到不适。例如，我对压力的感知集中在胃部，而其他人可能集中在颈部和肩部。你可以找到身体中被负面情绪（焦虑、生气、不安）刺激的部位，以及你最平静的部位（也被称为平静空间）。这种方法能帮助你在被高度激活时逐渐感到平静，并有意识地连接到你的平静空间，直到最强烈的感受得到释放并消散。

当你不太确定平静空间的位置时，可以尝试在接下来的几天和几周内，找到连接的感觉。如果你有一位专属的治疗师，你可以把这项工作一起纳入治疗。

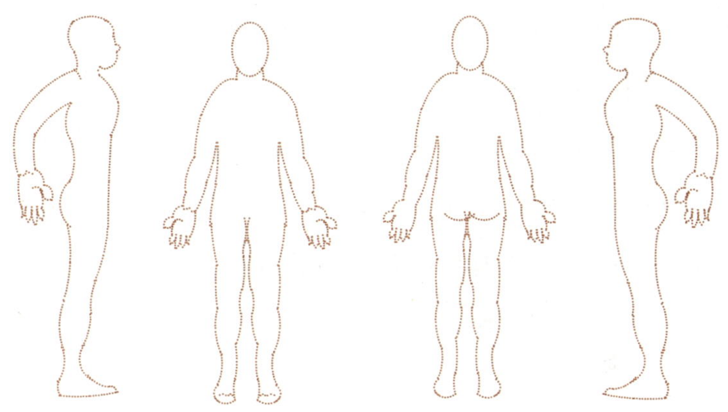

当你知道身体哪里是最安全和最容易被压力激活的地方，你就可以通过摆动练习，防止自己被强烈的情绪控制。

让我来教你怎样做：从身体感觉最安全的部分开始（对我来说，是能感受到呼吸和心跳的胸部），再将你的意识移动到容易被压力激活的部分（对我来说，是胃部）。接下来，用温和、中立，而非焦虑、愤怒、尴尬的心境，接近被压力激活的空间。例如：

“嘿，肚子，你今天对我耍了小脾气，谢谢你。但我希望你感到安全，你不能接管并掌管我的一切。”

然后回到你的身体的安全空间。（对我来说，就是回到我的呼吸。）

这听起来很神秘，但这种训练的目的是教会你的大脑去管理身体的感觉，不再被这些感觉所左右。学会在不触发“敌对接管模式”（即不让这些感觉完全占据你的心智和情绪）的情况下体验这些感觉，学习在有意识、有控制的情况下体验它们。

身体内部状态的波动和变化会影响身体中的迷走神经和结缔组织，通过内部状态的交替节奏，身体可以更好地排出压力激素，关闭或减少身体由压力激活的应激反应。

下面是简单的总结：

1. 当你发现自己被激活时，注意身体不同部位的反应。你感到紧张吗？比如浑身颤抖或者完全麻木？
2. 你的身体在哪里感觉最安全或至少是还行？
3. 尝试关注被压力激活的感觉，然后慢慢地关注更安全的感觉。当你感觉自己能够控制它们时，你可以把更多的时间花在被激活的感觉上，告诉自己你可以管理这种感觉，然后它们会自行消散。

张手／握手

如果摆动和滴定练习对你来说太难太复杂，这里有一个更简易的身体意识练习，非常简单有效。这个练习的原理是，如果你专注于你手的动作，那么通过迷走神经激活交感神经系统的可能性就比较小，因此你也不太可能被触发。

1. 伸出一只手。哪一只都行，但要注意你的自然倾向。
2. 将手举起，前提是不会感到疼痛，尽量不要靠在其他物体上（比如搭在腿上或放在面前的桌子上）。
3. 张开手，手掌朝向自己，这样你就可以直接看到手掌上的掌纹。
4. 观察手的同时，慢慢地握起拳头。注意张开和握紧时感觉有何变化。
5. 眼睛保持观察，再次张开手。
6. 现在闭上眼睛重复上面的过程。注意内部感受（手的张开和握紧）。

感觉有何不同？当你完全依赖身体觉知和内部感觉时，你的体验感有何不同？有没有不安的地方？感觉舒服吗？你与身体的连接方式有没有发生变化？

即时应对技巧

应对技巧当然是越多越好，可以提高你在面对压力时的适应能力和韧性。打个比方，把技巧看成一个工具箱，你爷爷 60 年前用一把螺丝刀修理过浴缸，而今天他把这把螺丝刀传给了你。即使这个螺丝刀非常好用，但在某些情况下，你可能需要不同类型的工具，比如十字螺丝刀头。我的建议是尝试其他一些有趣、有用的技巧。这些技巧可以在你即将失控时采用，它们不像其他一些技巧那样需要大量的计划、练习和实践经验。

1. 嚼点东西。比如口香糖、牛肉干等可以让你专注的东西。

2. 让你的手忙活起来。比如橡皮泥，这比手指飞轮、弹簧、魔方等更不容易分散注意力。不管是什么，对你有效便好。

3. 眨眼。眨眼能够打断大脑对时间的感知（研究表明，它可能是一种减缓神经代谢的方式）。眨眼本质上类似于系统重启，我们在清醒时会无意识地眨眼，而在感到压力时我们可以有意识地眨眼。

4. 建立香味与平静、快乐和放松情绪的关联（不妨选择薰衣草，因为它本身就有让人平静的特性）。在你感到安全和放松的时候，有意识地闻某种香味。比如在冥想、引导性想象或运动之后，可以在一个密封袋或小容器中放一颗棉球，滴一滴你喜欢闻的香水。当你感觉有压力时，打开它，闻闻香味，可以重新找到平静的感觉。

5. 当你发现自己陷入自我否定、觉得“我做不到”的怪圈时（如“我应付不了人多的情形”或者“我跑不了一万米”），在这种想法的开头加上“尽管”两个字。这会让你朝着以后能够做到的方向努力，而不是陷入负面的循环。

6. 泡一个热水澡排排毒。如果家里没有浴缸，至少要泡泡脚。

7. 去哭吧。悲伤时流眼泪能够释放出其他时候无法释放的化学物质。

8. 在你的脑海中回忆或写下令你感恩的五件事，列在一张表上。（小时候我妈妈就让我这么做，我当时虽然很不情愿，但是这么做真的有效。）

9. 脱掉鞋子和袜子，触碰脚下的地面。（这叫“接地气”——这能让你的身体更多地与地球产生连接。）

10. 握住一块冰。它不会对你造成伤害，但是这种感觉会暂时打断身体的其他压力信号。如果你有自伤的想法并因此痛苦不已，这是一个特别好的应对技巧。

11. 从100开始，倒着数数，每次递减3。相信我，此时你只能专注于脑海中的数字，从而忽略压力。

12. 在网上看猫的视频，或小狗、熊猫、小羊，用短暂的时间（比如5分钟，你会在这本书后面的番茄工作法中看到为何要有这种间隔）拥抱所有你认为很可爱的东西。

13. 确认你的身体中哪些肌肉是紧张的，并有意识地一块接一块地放松它们。

14. 在你的脑海中想象一个停止标志，并告诉身体“停止”产生负面感受。

15. 回忆生活中的一个高光时刻。让自己回到那个经历中，感受你在那个时期的积极感觉。

16. 吹泡泡。这是一个冷门知识，因为吹出泡泡需要控制呼吸，这样你就没法因为呼吸紊乱引发恐慌了。

17. 盖上一些重物。例如，可以把厚毛毯盖在自己身上，或者钻到床垫和床垫之间。一般来说，对成年人来说盖上相当于自身体重 10% 的重物效果最好。如果是孩子，重物的重量大约是他们当前体重的 10% 再加上一两斤。

18. 晒晒太阳。维生素 D 有助于缓解抑郁并减少全身性炎症。

19. 做一些温和的瑜伽姿势[也被称为体式，或者用梵文来说，叫作阿萨那(asanass)]。这些姿势有助于促进身体的觉知。(如果摆动/滴定练习对你来说很难，瑜伽可以辅助你达到类似效果)

20. 喝一些温暖而且能舒缓情绪的东西。咖啡、茶，再加一些蜂蜜和柠檬。如果咖啡因让你感到紧张，就喝不含咖啡因的饮品。

21. 给你热爱的事物拍照。你的宝贝（也包含宠物）、你最好的朋友、美丽的花朵、超棒的你自己。给这些拍照并提醒自己，这世上还有爱和美。

22. 创建一个小小的用于奖励的预算，然后去旧货店或一元店。当年，我每年仅有1.8万元的收入，还要养活女儿，那时还得依靠WIC提供的食品福利生活。那时我最喜欢的奖励就是买一瓶一元的指甲油，在家里给自己做足疗。再创建一个小小的娱乐预算，一到五美元的范围就可以。去一元店或二手店，给自己买一些纯粹为了乐趣而买的东西：一瓶泡泡浴浴液，一本休闲书，或是一个新杯子。

23. 写一封信给你爱或欣赏的人。告诉他们，他们对你来说有多么特别。你可以选择发送也可以选择不发送，但发送出去可能会给对方带去鼓舞。

24. 给自己写一封信。给过去的自己，未来的自己，或是现在的自己。

25. 在21天的时间内，远离生活中一个让你感觉不舒服的东西、讨厌的食物或是糟糕的人。你感觉怎么样，有没有好一点？当你在三周后重新接触它（或他）时，可能会发生什么？你还会感到不舒服吗？

26. 喝水。喝很多水。不要让尿液发黄。水对大脑和身体同样重要，它能提高我们的记忆力和注意力。你需要充分润滑自己的脑细胞。

27. 回顾一件你做得非常好的事。你是怎么做到那么好的？你是如何运用各种技巧达成了这种境地？

28. 列出你的生活中不需要改变的事情。

29. 做爱，做一些亲密的事，做一个轻触的按摩，或者只是想想你亲近的人。这些活动都会让你释放催产素（对深层组织的按摩能降低皮质醇，而轻触按摩能释放更多的催产素）。催产素是一种促进人与人之间联结和同情的肽激素。虽然科学家说女性会分泌更多催产素（感谢分娩、哺乳，让我们更容易建立人际关系），但男性对催产素更敏感。所以无论男女都需要它来保持我们的副交感神经系统的正常！

30. 维持你的社交关系。给某人发送一条消息表示感谢，或告诉他你多么欣赏他。好的人际关系，在预防癌症方面比戒烟还要有效。

31. 摆出一个（有力量）姿势。大量研究表明，当我们像超级英雄一样站立（双腿分开，双手叉腰），我们会感到更有力量。这样站立两分钟可以降低皮质醇（压力激素）、增加睾酮（参与即赢的激素）。请激活你内心的神奇女侠或黑豹吧。

32. 关掉身边的电子产品。只在特定的时间段检查消息和社交软件，不要时不时就看手机。有些人甚至把手机屏幕调灰（没有明亮的颜色来产生吸引力，我们就不太可能陷入无意识滚屏的兔子洞）。

33. 想象一个能代表慈爱和同情的人或事物。它可以是一个具体的人、一个精神上的人，或者是与你产生共鸣的大自然的某个部分。想象你笼罩在这种同情和慈爱中，感受这些东西迎面而来。你会听到什么？这些经历对你来说会是什么感觉？

34. 尝试一下西藏颂钵。你必须集中注意力才能让它嗡嗡作响，其效果就像前面说的吹泡泡。你必须对它全神贯注，无法再分神给其他事情。（我有一个朋友患有神经性震颤，通过西藏颂钵，他可以全神贯注使手指在碗上保持静止，那真是太棒了。只有那个时候他的手才不抖！）

35. 放慢做事情的速度。或者选择一个需要消耗一定时间和集中注意力的任务。（做意式炖饭很有效，相信我！）

36. 规划一个梦想旅途。是去度假还是学习？你会去哪里？你会做什么？最重要的是，你会品尝什么美食？规划所有的细节。这样你就有了一个令人惊叹的并可以付诸努力的目标！

37. 选择一首你的“本命歌曲”。当你需要振作时，播放那首

歌，大声唱出来。（我的是乐队 Velvet Janes 的歌曲 *Sunflowers*）

38. 感受一下烟熏的味道。研究表明，燃烧鼠尾草和其他草药可以去除空气中的毒素并改善大脑功能。显然，直接用烟熏比较好（我在家里也这么做），但在上班时我会使用鼠尾草喷雾，以避免触发大楼里的烟雾探测器。

39. 把你的想法大声说出来，而不是仅让其停留在脑海中。额外的听觉提示可以让你更好地坚持下去。

40. 做 5-7-8 呼吸。5 秒吸气，保持 7 秒，再用 8 秒呼气。更长的呼气可以激活你的副交感神经。

41. 尝试走出你的舒适区。走另外一条路去取快递，用嘴巴的另一侧咀嚼食物（对于习惯按部就班的人来说，刻意打破常规可能会感觉非常奇怪或不适）。注意这些变化如何影响你，这么做可以让你关注的新的东西。

42. 列出你期待的事情。如果目前期待的事情不多，那就多想一些新的可以期待的事情，比如在一周结束时，奖励自己吃蛋糕。哪怕这件事你还没有做，期待这一行为就能让你持续释放多巴胺！

43. 你真的对某件事感到很愤怒吗？尝试茱莉娅·塞缪尔（Julia Samuel）在《悲伤的力量》一书中提到的 60 分钟“愤怒组合包”：10 分钟写日记，20 分钟跑步（或其他有氧运动），

10分钟冥想，再花20分钟看或读一些有趣的东西。

44. 改变你的说话方式。用“我不”代替“我无法”。另外，不要向别人提出要求，而是向他们表达你的偏好。说话方式的转变能够增强你对事情的把控，也能让心情舒畅。

45. 做一个小小的正向改变，坚持21天，看看之后感觉如何。你不需要大幅度改变饮食习惯比如只是把牛奶换成杏仁奶；在上班前做五分钟的伸展运动；或把全咖啡因咖啡换成半咖啡因咖啡。小变化可以产生大影响，而且还不会带来太多额外压力，也无须太多规划。

46. 利用提示来控制和放松。这是一种通过有意识地收缩、舒张身体的某些肌肉群来获得放松的方法。先收紧你身体的某些肌肉，然后再放松，感受两者的差异。人在烦躁时，心里想着战斗、逃跑还是不做反应，一些肌肉也会随之收紧。通过与身体的重新联结，我们可以破除紧张模式，并知道应该重点放松哪里。

47. 激发内心的菲利普博士[①]。他会让你暂时脱离目前的心理状态或困扰，并通过标志性的得克萨斯口音让你反问自己：“这对你有效吗？”这可不是让你为自己可能做出的反应而羞

① 菲利普博士，美国电视名人、作家、心理学家。他以在心理健康领域的专业知识和直白、坦率的风格而闻名。——译者注

愧。记住，反应没有好坏之分，它们都是依据当下而做的。但是，这种反思能让你暂时走出反应的循环，并判断这种反应是否可以帮助你以最健康的方式度过当前这个阶段。然后你就可以根据需要调整反应。

第 6 章
改变你的想法 从改变心态开始

前面的内容重点在于如何生存，而本章的重点是学会如何管理自身的反应，从而减轻痛苦。

尽管我们的感受是真切的，但它们并不总是能全面反映现实的复杂性。换句话说，虽然某些感觉或想法可能十分精确，但它们有时并不能为我们提供实质性的帮助。本章的这些技巧将引导你认识并理解自己的感觉与想法，并尝试对其进行解释或重构，从而为自己赢得一些喘息的空间。有时候，“应对（压力）”的含义就是认识到周遭的混乱，但在心理上保持与之一定的距离。

心态的重要性

研究表明，我们比自己想象中更能控制对压力的感受以及它产生的影响。要获得掌控感，你无须彻底放弃一切，或者选择一种极端的、极简的生活方式（比如住在河边的货车里），而是只需改变对压力的看法。

还记得吗？我们之前讨论过，压力只是身体感知到某件事情的重要性，并提升对这件事情的资源投入。一些聪明的研究者比较了美国国家健康访谈调查的数据与美国的死亡率。你猜他们发现了什么？压力本身对你并非那么有害。但是，如果你认为压力对健康有害，并且感觉自己承受了很多压力，你的身体和心理健康状况会更糟糕。比起没有这种观念的人，有这种认识的人早逝风险要高出43%。这听起来很糟糕，而且对我们的身体有些过分苛责。但从进化的角度来看，人类的心理和行为特征都是为了提高生存和繁衍的机会。心态帮助生存，身体会因为我们有积极的心态而奖励我们。

所以，如果你以消极的方式看待压力，你就更有可能死于与压力相关的疾病。

如果你开始深入挖掘，会发现很多类似的研究。1998 年有一项研究，询问了 3 万名成年人生活中的压力水平，以及他们是否认为压力对他们的健康有害。研究者于8年后查阅公共记录，看看这3万人中有多少人已经去世。压力水平长期处于高位会增加41%的死亡风险，但这只适用于那些认为压力对他们的健康有害的人。压力的存在，再加上认为压力有害的观念，使得压力成为美国第15大死因。观念对寿命的影响甚至远大于锻炼或戒烟：虽然锻炼和戒烟被证明可以增加4年的寿命，但根据凯利·麦格尼格尔在《压力的好处》中引用的耶鲁大学的研究，积极看待衰老可以延长8年寿命。

此外，有几项研究显示，心态对我们的健康和行为有连锁效应。例如，一项对克罗恩病患者的研究发现，患者对他们所患疾病的看法会直接影响他们的压力水平，而他们的压力水平又直接影响了他们采用的应对技巧类型。也就是说，他们越感到压力，就越可能使用长期来看更有害和代价更高的应对技巧，如饮食失调、过度使用社交媒体（使自己从现实关系中抽离），以及滥用药物和酒精。

回想一下你过去是如何处理压力的：

- 你使用过哪些逃避型的应对技巧？
- 你还使用过哪些虽然不是逃避但对你健康有害的应对技巧？
- 为了避免伴随而来的压力，你错过了哪些机会？

- 你可能如何限制了自己的未来？

拥抱挑战并主动面对，有利于使我们保持在腹侧迷走神经容忍区的范围内。战斗 / 逃跑反应的对立面是休息 / 消化，但这是在被动状态下的表现，我们可以转变为主动状态下的照顾 / 社交。这意味着我们与他人建立联系，共同改善所有人的处境。在生活中遭受苦难最多的人往往也是最先关心他人的人。压力可以增加我们的勇气，提升我们的照顾能力，并改善我们的人际关系。要想改变我们的个人生活以及周围的世界，需要我们有意识地应对压力反应。

通过心态训练接受压力

《压力的好处》的作者凯利·麦格尼格尔（她的研究是本书许多内容的来源）指出："接受压力是一种绝对的自我信任行为。"

我们曾被告知，要避免压力，要冷静下来，因为压力对我们有害。麦格尼格尔博士引用哈佛商学院教授艾莉森·伍德·布鲁克斯的话（当时她向数百人提问）："如果你对一次大型演讲感到焦虑，最好的处理方式是什么？感到兴奋还是试图冷静下来？"

91% 的人回答说"试图冷静下来"。

但是，正如上文反复提及的，压力本身并不有害——它不一定是你需要解决或逃避的问题。这一点得到了多项研究的证实，包括上面提到的那项研究。研究人员发现，只要大声说出“我很兴奋”，就可以将压力重新评估为兴奋。与我们以往的认识不同，大脑从焦虑转为兴奋要比转为冷静更容易。某件事情对你很重要，皮质醇就会被激活。但你可以有意识地将这种感觉标记为兴奋而不是压力，这就改变了你解释和体验自己身体的方式。

心态训练能将我们的想法从不知所措转变为有力量、有掌控感。这不等于自我欺骗，而是认识到我们确实有能力处理难题，或者至少有能力全力以赴去做。说起“心态”我们常常将其与那些大师级的人物联系起来，所以从某种程度上说，安东尼·罗宾斯[①]并没有错。心态本质上是我们对自己和世界的信念，这些信念塑造了我们的现实。拥有信念并不是要否认我们正在处理糟糕情况的事实，而是让我们在处理糟糕情况时，能重新夺回我们选择做何反应的权力。

心态训练对我们的压力反应有直接影响。一项研究发现，更强的身体应激反应能让人在学校的考试中取得更好的成绩，但这只针对那些接受过心态训练的人有效。另一项研究显示，

① 托尼·罗宾斯是一位知名的自我帮助作家、演讲家和生活与商业策略师，他经常强调心态在个人成功和成就中的重要性。——译者注

仅仅告诉人们“你在有压力的情况下会表现更好”，就能让他们的工作表现改善33%。压力之所以会压垮我们，最可能的原因之一是我们认为自己不行，所以当我们相信自己确实能够胜任并专注于这一想法，我们的思维方式就会发生转变。

是的，任何焦虑的人的确可以从心态训练中受益。压力是最有可能触发焦虑的因素之一。研究人员已经证明，压力反应（至少在其初始阶段）对于焦虑和不焦虑的人是一样的，不同的是我们对压力的认知和心态。所以，改变压力反应最终可以避免引发焦虑和恐慌。

心理学研究者萨尔瓦多·麦迪认为这种心态建设是坚韧的一种表现，意味着从压力中培养出的勇气。某些人之所以“擅长与压力共处”就是因为有坚韧的特性。这并非是指困难不会影响我们、压力不会困扰我们，而是由于我们足够重视成长、成就并积极参与生活，所以能与压力友好共处，并能在压力过大无力应对时从中吸取教训。

任何压力情境都可以成为转变心态的机会。在注意到你的压力反应被激活时，你可以提醒自己身体对某件事情作出反应。然后，利用那种能量帮助你度过这段时期。无论你是经历充满压力的面试还是与邪恶势力做斗争，保持警觉、投入和专注，对取得成功至关重要。

一开始，做心态训练可能让人感觉很别扭，但一旦建立了所需的神经通路，你就会感到很自然，使之成为你的自动反应。随着练习的增加和时间的推移，你就可以熟能生巧。你的压力心态也会改变你对他人压力的反应。心态与韧性相连，情绪韧性是对抗抑郁症等精神疾病的第一道防线。了解哪些行为能提升情绪韧性，可以帮助医生治疗精神疾病。

拥有“GOOD”的心态

你可以将心态训练纳入日常的自我关怀活动。我喜欢用 GOOD 这个英文缩写词（这 4 个字母是下面 4 个表述的首字母）来描述心态训练，它不是对糟糕情况的虚假宣传，而是让你坚信自己的信念和能力，从而迎接挑战。显然，你是一个幸存者——你现在正在阅读这本书，这意味着你到目前为止的存活率是 100%，对吧？通过写日记来记录内在心态是一种更容易上手的练习方式，特别是在你刚开始的时候。你可以不用把所有事情都写下来。

- **感恩（Gratitude）：** 正如我们在第 4 章提及感恩日记时所学到的，感恩是我们心理健康的一个重要部分，它可以改变我们看待日常生活的视角。这并不意味着无视问题，而是让我们更多地关注生活中的美好事物。

- **拥抱可能性（Openness to Possibilities）：**如果我们专注于感恩，就更能意识到周围其他的解决方案、支持和机会。在消极的心态下，我们更可能因为对生活感到不知所措和沮丧，而忽略或无视对我们有用的事物。
- **抓住机会（Opportunities is This Experience）：**无论正在经历什么，我们都要抓住能帮助我们成长的机会。即使难以成功实现，我们也可以获得更多对不同情况和我们自己的认识。我本人曾做过很多政治宣传工作，我有资格说，每一次失败的战斗都教会了我新的策略和方法。
- **决心（Determine）：**想象自己成功地迎接了前方的挑战。这是在行动中表现出坚韧。在心理上预计自己会成功，这就是正确的应对心态。如果事情不如意，你也不会因此更沮丧。我发现即使我没有成功，我仍然会为自己做了充分准备，并采取了积极态度而感到自豪，因为我知道自己已经全力以赴了。

保持好奇和中性

我们通常会将事物标记为好的或坏的，想要的或不想要的。

而以好奇心和中性的态度来面对生活，能让我们嘈杂的内心安静下来。好奇心意味着时常对他人的行为以及自己的思想感受产生疑惑："哦，有趣，我想知道这是怎么产生的？"它允许我们充分关注并寻找线索，以解释正在发生的事情。

有时候，当客户前来咨询时，说到"他们完全因为 ××× 做了 ×××！"我的回答通常是："哦，是吗？你比我还了解他们，但当你告诉我这个故事时，我不禁想知道他们是否会因为另一个原因而这么做，比如……"当你对某人生气时，很难不认为对方在故意使坏。但说真的，不是所有人都像动画片中的反派人物一样时刻在图谋不轨。虽然我们有时可能无法改变最终结果，但拥有好奇心和中性态度，至少可以调整自己的态度和应对方式，并以此来减轻消极影响。通过积极的沟通和交流，我们可以更好地理解问题，找到解决问题的方法，并防止类似情况的再次发生。

保持中立也是调整心态的方式，尤其在面对自己的行为和意图时效果显著。对于一件事，当你似乎找不到任何积极的方面，也没有精力去产生好奇时，你可以视之为"中性"。它既不好也不坏。它就在那里，而你必须去应对它。别把遇到的问题都当作是故意为难或是前世欠下的债。或许它只是一种你无法回避的内在负面信息呢？尝试更客观、中性地对待自己。如果你长年累月考虑事情都是负面的，可能很难立即转向积极思维，但中性态度能给你带来一定程度的缓解，并且在当前情况下更容易做到。

不作为的艺术

元认知疗法（MCT）是阿德里安·韦尔斯（Adrian Wells）基于信息处理理论设计的，在他看来，我们的意识和心智超越了生理结构的简单总和，并且拥有自我观察和自我反省的能力。这很有道理，对吧？哪怕我们的大脑正处于混乱不堪的状态，我们也能意识到自己在乱想。韦尔斯博士猜想："如果我们把精力放在意识正在注意的事物上，并利用心智引导大脑跳出担忧和反刍的思维定式，会不会有积极的效果？"

自我调节是指我们将想法、感受和行为的焦点转移到更有益的方向。在临床实践中，我称之为"自我开导"，无论是面对重大事情还是日常琐事，都积极进行内心对话。对此有何科学解释？保持前额叶皮层的活跃状态，能够提高我们对大脑的皮层下区域的掌控感，从而进行自我调节，这些皮层下区域包括涉及奖励的纹状体等以及涉及情感的老朋友杏仁核等。

元认知疗法最初是为治疗抑郁症和焦虑症设计的。但研究表明，它对于处理更普遍的压力也有帮助，曾有一项研究就把MCT技术传授给有工作压力的人。

以上这些背景信息很重要，不仅是因为我们都喜好科学知识，也是为了澄清我并非出于讽刺、敷衍或欺骗才建议练习“无所为”。在MCT中，超然的正念特别积极有效。背后的原理在于，我们每个人都有负面的思想和感受，如果陷入这些循环，要么会造成心理不适，要么会带来更多无益的习惯循环。

我们不是试图逃避负面思想，只是尝试不把它们当作真实、确切或值得我们关注的事情。我的信奉佛教的朋友可能会认出这是与Shenpa（藏语词语）相关的工作。正如佩玛·丘卓所指出的，shenpa通常被译为“我执”，我们执着于大脑说的话，这会导致更多无益的习惯循环。当这些负面思想出现时，我们应当做以下事情：

- 置身事外。创建一个策略，提醒自己这样做可能会有帮助。催眠治疗通常使用的技巧是把想法具象化为电影屏幕上的存在，这样我们就可以像观众一样观看图像在屏幕上动。所以不是试图控制自己的想法（类似心理学中的“白熊效应”），只是将它们视为你不需要赋予意义或采取任何行动的过眼云烟。
- 如果你认为需要对某个想法采取行动，可以设定一段一天当中稍晚的时间来思考 / 担忧。自我开导的做法是这样的："我现在无法专注于此，但在今晚 7 点到 7 点 15 分，我会再次考察这个想法，看看我是否需要对它做点什么。" MCT 专家皮亚·卡列森（Pia Callesen）将这一做法描述为"在嘴里含着口香糖，直到指定的时间才咀嚼"。经过一段时间你有可能发现自己不再需要设定专门用于担忧的时间，或者你需要的时间越来越短。

- 记住，"不作为"不是为了让你的感觉立即变好（虽然你掌握了其中的诀窍之后的确会感觉变好，但是我们首先必须重塑大脑的思维习惯）。不要认为过程中持续存在痛苦就是治疗失败了。记住，我们的目标不是控制思想，而是减少花费在思想上的精力。大家记住这就是诀窍。

祈祷和冥想

这是我经常听说的两个最重要的应对技巧。看到这里你可能正在心里对我翻白眼。祈祷？我又不信教。冥想？我哪有时间坐下来深呼吸一个小时。还是请您跳到下一个技巧吧！

但在你判定这两个办法不适合自己之前，让我们先解析一下它们。大家难道不想深入了解一下就叫我闭嘴吗？

祈祷和冥想对人们来说感觉奇怪或不舒服的原因是，它们本质上与灵性有关。灵性的常见表现方式，如正式的宗教，让许多人有过非常糟糕的经历。我的父母是神学学者，他们鼓励我对荒谬的事物保持健康的怀疑态度，而且他们所提倡的教义也倡导包容和接纳，但我本人去教堂的经历中，仍有不少次让我感到愤怒、悲伤，不愿跟他人沟通。我知道，父母一直反对将宗教作为一种控制手段，而且他们勇敢地跟这种潮流抗争，认为宗教应该教给人们关心、友爱，并鼓励人们行动。我本人并不反对宗教，但我不确定自己是不是适合加入某种宗教。

灵性（以及在某种程度上，把灵性活动视作宗教实践的一部分）在我的博士论文中多次出现。我无法无视自己的发现。对于我们应如何区分生活中哪些行为属于灵性、哪些行为属于宗教，我参考了布兰查德对灵性的定义。他的定义很简单，而我需要的就是简单：灵性是主动寻求的归属感。

我们通过祈祷和冥想来唤起这种主动寻求的归属感。我知道这听起来仍然像是烧香、吟唱等神秘的行为，但自从我的应对技巧小册子首次出版以来，已经有好几个人告诉我，由于了解了我对祈祷和冥想的理解，他们的思维方式发生了巨大转变。

祈祷本质上可以被定义为一种对话。无论是对自己还是对我们认为更伟大的存在（上帝、更高力量，或者你与之对话的任何对象），谈论我们的愿望、需求、欲望和意图。毕竟，人类善于讲故事。我们甚至在睡着后还给自己讲故事，只不过我们把那称之为做梦。用祈祷的方式来谈论我们的处境，可能比与朋友、家人或治疗师交谈更有力量，能让我们更加明确地意识到我们的思想、感受和行为。

那么，正念冥想是什么呢？冥想即倾听。冥想是一个让我们安静下来，以便能听到内心的声音。我们的大脑经常涌现各种思绪和话语，而我们经常不加以倾听就做出回应。做冥想并不需要沐浴更衣，搞得很正式，你所要做的，只是在反驳大脑之前先倾听自己的声音。

祈祷是非常独特和个人化的，指导任何人如何做祈祷在我看来也不合适。不过，我已经做冥想很久了，而且我还接受过专业冥想导师的培训。所以我可以在这方面提供一些建议。

正念和冥想

正念是人类的基本能力，指能够意识到并完全投入到自己的生活中，从而见证身体和心灵的运作，以及周围正在发生的事情。乔恩·卡巴特－津（Jon Kabat-Zinn）可能是西方世界最著名的正念指导师了，他说“正念就是觉知”。这是人体的自然状态，尤其是当我们还年轻时的身体状态。但我们也可以训练自己让自己学会逃避当下、神游他处。事实上，我们日常生活中经常这么做，有研究人员发现，人醒着的时候，至少有一半时间是在心神不宁中度过的。

正念并不需要冥想。正念是接受生活现状的最佳途径。这并不是说我们应该逆来顺受，而是要认识到当前的现实，不纠结于我们希望它如何或认为它应该如何，因为这只会使我们陷入困境。当我们陷入“事物应该如何”的困境时，我们就会陷入无休止的评判之中，如此一来就无法改变现状。

冥想是一个比较正式的专注过程，而且它也不必包含正念。正念冥想是两者的结合，是指把觉知过程带入正式的专注练习。这并不意味着需要高度集中、完全不会被打扰的注意力，而是认识到心神游移，并在它游移时将觉知重新聚焦于当下，通常是借助一些锚点（呼吸是最常见的锚点）。

没有所谓“正确”的正念、冥想或正念冥想形式。它们的目标都是帮助实现心灵的平静并管理压力，所以我这里提供了多种练习供大家尝试。

冥想、正念对大脑的影响

到目前为止，正念已经被研究得非常透彻，研究所揭示的好处本身就可以编成一部百科全书。以下是其中的一些重要发现。

- 对人的整体功能（认知、情感、生理和行为）产生积极影响。
- 提高注意力和专注力。
- 产生更多的同理心和同情心，对人际行为产生积极影响。
- 减少主动干扰（当已知的旧事物阻碍我们学习新事物时）。
- 帮助管理“照顾者疲劳”。
- 帮助管理慢性疼痛（与认知行为疗法有相同的益处）。
- 帮助克服失眠。
- 帮助管理心理健康问题，包括抑郁、焦虑和创伤后应激障碍。
- 增加身体的免疫反应。

很多关于冥想的研究，结果都非常有趣。数千年来，有许多正念和冥想的实践及其好处都被记录在案。随着功能性核磁共振成像（fMRI）的应用，我们可以看到正念和冥想能够影响大脑的功能，甚至影响大脑的神经可塑性，即大脑生长、学习和修复损伤的能力。

让我们回到迷走神经容忍窗口的概念。越来越多的研究证明，冥想不仅在当下起作用，而且通过改变大脑默认模式网络（DMN）（即讲故事的大脑）的神经活动和连接，让我们在冥想之余也能保持在容忍窗口内。这代表冥想是在教大脑学习特定过程的持续平静状态（全天候调节），而不是保持特定状态的平静（只有在冥想时才平静）。

创伤敏感实践

虽然正念和冥想对许多人来说都有很大的好处，但它们并不适合每一个人。特别是对于有创伤经历的人来说，可能需要进行创伤敏感的调整。这是因为创伤可能会影响个体对某些体验的反应，包括冥想和正念练习。如果你有创伤史，并尝试按照一些标准指导进行冥想，可能就会出现问题。

生活中你可能会有一些迹象，这些迹象可能就与创伤相关（无论是被激活的战斗 / 逃跑反应，还是冻结反应），包括：

- 持续的、控制不住的哭泣
- 呼吸急促
- 颤抖
- 拳头紧握
- 脸色苍白或潮红
- 大汗不止
- 人格解体（一种感知觉综合障碍）
- 现实感丧失

- 恐惧
- 恐慌

有创伤史或者在冥想时出现创伤反应，并不意味着你就不能做冥想或正念。但有强烈创伤史的人可以尝试其他选择。我们有权依照自己的节奏和方式处理创伤史，而不是被创伤的回忆支配，让它扰乱我们的生活。传统的冥想鼓励人们专注于呼吸，认为任何触发因素或激活都会分散我们当下的注意力。相反，在冥想中直面创伤，虽然会让我们感到略微不舒服，但仍能使之保持在可容忍范围内。

如果你存在创伤问题，这里有一些建议。其中有许多观点都受到戴维·特雷利文（David Treleaven）的《创伤敏感性正念》（*Trauma-Sensitive Mindfulness*）的启发。

1. 识别你的想法、感受、身体感觉发出的继续或停止信号。你不必强迫自己一直坐着、沉浸在情感痛苦中，一些不适也能帮助我们成长，但再次创伤并不能解决任何问题。注意哪些练习有帮助，哪些会激活创伤。如果需要，可以站起来休息一下，下次做正念的时间可以稍微长一点。

2. 你不必忍受身体上的疼痛。如果需要就休息一下，或者改变身体姿势，挪到更舒适的位置，或者原地稍微扭动一下。虽然研究表明，冥想（特别是正念冥想）对管理疼痛非常有帮助，但它本身不应该是一种折磨。听从身体的感受，使自己尽可能舒适。

3. 冥想练习通常建议闭上眼睛。但也不是必须如此。如果你在所处的环境中觉得闭上眼睛不舒服，就保持睁眼状态。或者从柔和的目光开始，先不刻意睁大眼睛，然后逐渐过渡到闭上双眼。

4. 如果你的练习还包含课程，请告诉课程老师：如果有任何需要动手的部分（比如瑜伽或太极），让他不要帮你进行体态调整（即不要触碰你）。

维持你的身心健康的真谛，就是听从你的身体，而不是盲从我的建议。不要做那些让你感到糟糕和不安的事。冥想是在不过度激活的情况下处理问题。所以，如果某件事让你在冥想时过度激活，那它可能不适合你，或至少现在不适合你。

基础正念冥想指导

这是经典的、常用的、以正念为基础的冥想，把呼吸当作把我们锚定在当下的锚点。

- 找一个舒适的姿势坐下。后背挺直是经典的方法（可以坐在垫子或直背椅上），但如果这个姿势你做不到或难以保持，也没关系——让你的身体尽可能地专注于当下。

- 将你的意识带到身体的物理感觉上。身体与椅子、床或地板接触时有哪些压力？你还注意到了哪些其他感觉（比如空气、温度、质地）？花一两分钟注意这些感觉。
- 现在将你的意识带到你的下腹部，注意到呼吸进出身体的反应。如果你难以建立这种联系，可以将手放在腹部帮助你感受这种感应。注意你的腹壁随着每次吸气而伸展和膨胀，随着每次呼气而轻轻收缩。
- 继续跟随呼气和吸气，让自己只是体验呼吸的感觉。
- 最终（可能很快），你会注意到你的思绪在游荡。你开始做白日梦、做计划、被其他思绪占据。我的大脑喜欢唱歌和列购物清单。这就是大脑爱做的事。这并不意味着你的正念冥想失败了。当你意识到自己开始胡思乱想，就将这个状态标记为“思考”，然后将注意力重新集中在呼吸上。
- 对大脑胡思乱想保持好奇和耐心，而不是感到沮丧。注意发生了什么，然后返回到呼吸上。

大多数研究表明，15 分钟的正念冥想练习就能让人获益。如果你坚持不了那么长时间，也没关系，后续可以逐渐增加练习时间。如果你发现这么做有帮助，并希望进一步延长时间，那也很好，但也不必强求。

正念吃一粒葡萄干

这个正念饮食练习是经典的正念减压（MBSR）技术。它为你提供了一个不同于呼吸的锚点。

- 在你的手中放几颗葡萄干。不一定非得是葡萄干，任何食物都可以。我发现即使不喜欢吃葡萄干的人，在这个练习中也不会感到困扰。但如果你真的不喜欢葡萄干，那就换成其他食物。
- 假装这是你在这个星球上的第一天。你手里拿的是一种你从未见过的新食物，你是一个外星探险家，将对葡萄干及其特性进行科学研究。调动你的各种感官去探索它。用手指转动它，注意它的颜色、触感。它如何吸收或反射光线？把它靠近鼻子，闻一下，是什么味道？如果你使劲捏，它会发出声音吗？
- 你会开始产生“我为什么要这样做？这太奇怪了”的想法。这完全正常。只需认识到，这些是你头脑中正在思考的内容，然后将自己带回到活动中。

- 慢慢地将这个物体拿到你的嘴边。要自然地将它送到嘴里。注意你正在产生的任何期待，你的嘴巴是否在流口水？轻轻地将葡萄干放在你的舌头上，不要咬。探索葡萄干在你口中的感觉。
- 准备好之后，咬下去。注意你这样做时葡萄干释放的味道。注意你会习惯性地将它移动到嘴里的哪一侧。慢慢地咀嚼。注意它在你咀嚼时质地和味道的变化。当你准备好吞咽时，注意你这样做的明确意识。关注它沿着你的喉咙向食道移动的感觉。

当你以正念的方式进食时，这种体验有何不同？你注意到了什么？你喜欢其中的哪几个步骤？哪几步让你不舒服？

非正念冥想

除了正念之外，还有很多其他形式的冥想。所以，如果你不喜欢正念，或者你只是想尝试一些其他类型的冥想，可以试试下面的建议。

咒语冥想

使用咒语进行冥想，是最著名的非正念的冥想形式。咒语能够帮助释放心智（或让我们从心智中解脱）。它们有助于打破焦虑、自我怀疑的死循环，帮我们跳出思维定式。

也就是说，重复咒语可以舒缓大脑的默认模式，防止它开始游荡并产生焦虑的想法。

你可以唱诵任何你的信仰中用于默祷的话语，或者更一般的灵性表达，或者任何世俗的充满人情味的话，它们的效果都差不多，或者你也可以用一条特定的有助于自己康复的咒语。

你选定了咒语，就可以找一个舒适的地方坐下，并设定一个计时器。一开始先做几次深呼吸，然后开始念诵（可以在脑海中默念，也可以大声念出来）。如果你发现自己的思绪跑远了，就重新回到咒语上。

动态冥想

我们通常所说的“行走冥想”实际上也是“动态冥想”。任何能用上的移动设备都可以成为这个过程的一部分。

- 找一个可以在其中来回走，直线距离3米左右的无障碍空间（也可以更大）。如果能赤脚行走（确保这里能够安全地赤脚行走），这样更能体会到身体是怎么保持平衡的。

- 行走时将注意力集中于双脚上，感受体重从一侧转移到另一侧，从前转移到后，要尽可能舒适地做到这一点。抬头挺胸，面朝前方，伸直脖子。你可以将手背在身后，或放在身子前面，或放松垂于身体两侧。
- 如果你可以轻松做到，抬起一条腿。不管哪条都行，但要注意你抬起的是哪条。注意当你这样做时，身体重心会发生怎样的转移，身体的另一侧需要做什么来支撑你的全部体重。将抬起的脚向前移动，然后将脚后跟落在地面上，接着是脚掌从后向前逐渐落地，最后脚尖落地。注意另一只脚如何开始抬起并向前移动。重复上面的过程。
- 如果你使用辅助设备进行移动，关注移动的感觉。例如，如果你用手扶着支撑你移动的东西并让它引导你向前，请记住并保持这种感觉。感受向前移动以及你在这种体验中的身体的参与和支持。如果你使用的是一种需要识别声音或面部表情等才会移动的高科技椅子，专注于你如何通过身体与椅子连接并产生移动。有没有感受到身体和精神状态发生了什么转变？

- 无论你如何进行移动，你的思绪都有可能信马由缰，跑得很远，因为人的大脑就喜欢乱想。当你的注意力散开时，你暗示自己“保持向前的动作”，或采用其他的锚定提醒，将自己带回到当前做的事情中。
- 当你走到道路的尽头（除非你是转圈走），转身，面向你来时的方向，然后重新开始。如果你的路径是个圆形，那就注意何时走完了一整圈。

有意识地逃避现实

如果祈祷和冥想是让我们存在于当下的方式，那么逃避现实就是一种让我们不陷入过去，从难以维持的情境中抽身而出的方式。两者有何区别呢？逃避现实是有意识地暂时进入另一个世界。它可以通过引导性想象进行暂时的逃避，无论是通过一本精彩的书、动人的音乐还是在网飞上狂刷《同妻俱乐部》。

逃避现实是有意识地在心理和情感上移动到另一个空间（当然，你也可以全身心投入去度假……那也行）。它帮助你避免陷入记忆的恶性循环，抚慰疲惫的自我。真的是这样。去旧货店买下全套的《保姆俱乐部》图书（或者你小时候喜欢读的任何书），或是去洗个泡泡浴，或是逃离当前的各种麻烦。

重要的是，逃避现实应该是积极去做而不是被动而为。许多抑郁症患者说，他们会花大量时间坐在家里看电视……而这并没有让他们感觉有任何改善。借用认知行为疗法的术语，我们应当寻找那些能提供愉悦感、甚至成就感的东西。

我上面谈到的逃避现实的方式之一是引导性想象。我发现人们时常会把引导性想象和冥想混为一谈，以为它们本质上是一回事。事实上，引导性想象几乎与冥想相反，但它仍然是一个非常积极的应对技巧。引导性想象用一种讲故事的形式来引导你进入平静、专注和放松的状态，有时还包括音乐和其他舒缓的声音。通常，你会被鼓励运用想象力，想象自己在某个平静的地方，比如海滩上或森林中。这是一种有意识的、健康的分散注意力的方式，让你从当前的压力情境中解脱出来。

如果你正思绪纷乱、心烦意乱、担心未来（临床术语是预期性痛苦），那么引导性想象会帮助你将想象力重新聚焦到一些平静和积极的事情上。

研究表明，在操作正确的情况下，引导性想象可以平息我们的压力激素混乱（这些激素让我们情绪动荡），并通过激活我们的潜意识以及意识过程，帮助我们管理身体疼痛。“正确”

意味着引导性想象应当包括如下要素，它们是由有执照的社工纳柏斯蒂确定下来的，她是最早把引导性想象当作临床干预手段的人之一。以下是她所列举的要素，以及我对每个要素的简要解释。

- **身心联系：** 引导性想象引导你置身于一个画面中。潜意识只能理解当下，并与我们的感官建立关系。感官体验能够激活大脑中负责集中注意力的区域。
- **改变状态：** 通过让整个身体参与引导性想象，达成某种形式上的自我催眠。这种专注的状态除了能帮助我们恢复创造力和直觉，也能管理我们的负面思维和感受。我们的脑波能切实地改变我们的心跳、呼吸模式等。
- **控制点：** 好的引导性想象能让你真正掌控自己的行动。引导你的是别人，但在头脑中进行切实的活动的是你，而且是朝着有助于你的康复和成长的方向。

纳柏斯蒂的网站有很多遵循这些原则的音频文件。YouTube和其他网站上也有许多很棒的引导性想象课程。试一下，记住上面提到的要素！

像对待好朋友一样对待自己

咱们接下来可要说实话。当你搞砸了，或者认为你可能搞砸了，或者担心将来可能会搞砸，你会如何反省自己？你会说什么难听的话？是什么触发了这种体验？在搞砸之后，你与他人的联系如何？克里斯汀·奈弗（Kristin Neff）（《自我关怀的力量》一书的作者）说过："如果你在试图对他人友好的同时，却不断地评判和批评自己，你就是在人为地划定界限和区别，这只会给你带来隔离和孤立的感觉。"

相反，像对待最好的朋友一样对待自己。如果他们犯了严重的错误，你会怎么做？你会有同情心，对吧？你不会让他们逃避责任，但你会帮助他们承担责任，试图消除他们造成的混乱，并提醒他们，告诉他们，只要是人，就有可能犯错。

对自己和你爱的人报以同样的同情。不要说："我简直不敢相信你会搞得那么糟糕，你干吗还要待在这个星球上？"而是试着说："哎，好吧，那件事办砸了。一切都乱套了。我现在需要找出最好的办法来尽可能收拾残局，并找出问题所在，这样我就可以尽量避免再次发生类似的情况。我现在感觉糟透了，但我可以从这次经历中学到东西，下次争取不再因同样的原因失败，即便失败也要在这次的基础上有所改进。"

倾听内心的声音

薇露卡·索尔特是《查理和巧克力工厂》中那个讨厌的孩子。还记得她吗？她要求所有人的目光都要集中在她身上，而且她总想得到她想要的一切。但也正因为她想要拥有一切，而忽视了真正重要的事情。

焦虑可以成为每个人情感上的“薇露卡·索尔特”，因为它也能占据我们的一切。有时候，对待它的最佳方式就是屈服。这在正式的治疗术语中被称为“悖论意图”。

悖论意图背后的原理是，你抵制的东西会持续存在，如果你有意地刺激导致你焦虑的事物，它反而会失去力量。一般情况下，我喜欢设定一个时限（有助于从焦虑的深渊将自己拉回来），例如在 5 分钟的时限内，除了思考导致你焦虑的事情外，什么都不做，只是去感受焦虑。以包容、好奇和中性的态度来面对你的感受。这只是你的感觉，对吧？不好也不坏。如果你敞开心扉真正倾听自己的声音，这些情绪可能会向你传递一些重要的信息。

如果你内心的声音只是无用的废话，那也没关系。我发现大约 3 分钟后，我就对自己和这些废话感到无所谓了。

我受够了

第 7 章

改变你的行为从减少废话开始

目前已经有了一些工具，能够改变我们的感觉和思想以此来缓解压力，那么改变我们的行为是否也能达到这种效果呢？本章主要讨论行为应对策略：你能通过某些行为来管理并接受正在发生的糟糕事情。这就不再是管理自己的内心，而是直接管理你正在面对的事情。这些行为更直接高效我们要制订实用的行动计划，帮助你应对各种棘手情况。

自查清单

朱莉娅·卡梅伦（Julia Cameron）的《倾听之路：注意力的创造艺术》（*The Listening Path: The Creative Art of Attention*）中提到了一种很有价值的工具——自查清单。在行动之前，有意识地、主动地按照一定的框架进行思考，这样可以让你尽可能清晰地了解自己的目标、意图以及该怎么做。这个工具非常实用，我在与出版人乔·比尔共同撰写的《解决你的商业问题》中，也把它当作一种重要的商业策略。

朱莉亚建议你问自己以下 5 个问题并做出回答：

1. 我需要知道什么？
2. 我需要接受什么？
3. 我需要尝试什么？
4. 我因为什么而悲伤？
5. 我需要庆祝什么？

是的，如果你希望推动事情的进程，必须回答上述 5 个问题。问题 4 能够帮助你放下那些阻碍你执行前 3 个任务的想法。问题 5 提醒你关注自己的进步和成功（我们的大脑在陷入负面情绪时常常忽视这一点）。

如果你也认为这个工具有用，想更具体地知道需要做什么来解决问题，请看下面。

你是否遇到了某些无法解决的问题？也许是问题本身太难，而不是你能力不够。譬如一个不习惯早起的人，无论设置了多少个闹钟，他都不可能按时起床。除非闹铃声足够大，或者闹钟放在伸手难以够到的地方，这样他为了关掉闹钟就不得不起床了。但真正需要解决的问题是，他为什么没有得到足够的休息？他是否能早点睡？他的睡眠质量如何？他是否因为患有睡眠呼吸暂停综合征而经常感到疲惫？所以问题不在于闹钟，而在于休息不足。

谈及如何找到问题的关键，媒体反击“女士薯片”的营销方式也是很好的例子。厂家声称女性不喜欢声音大、包装内混乱且难以携带的薯片，招来强烈的不满。女士们联合起来，对此一致表示：“可笑！”在消费薯片这件事上，性别差异并不是什么了不得的问题，无须解决。真正需要解决的问题，是造出一种所有人都可以方便地携带餐食和零食的东西，这样的东西才真正解决了实际的问题。结合这样的产品，再去做薯片的营销，虽然小吃本身完全相同，但很可能取得巨大的成功。（不过，这里我要提一句，薯片包装里底部剩下的碎屑是我的最爱……要是哪种薯片的包装改进之后，里面不产生碎屑了，那我可不想要。）

所以，当试图管理生活中的糟糕事时，要确保你所要解决的是核心问题。我们真的需要“女士薯片”吗？其实未必。要找到核心问题，我主张“斜眼看问题”，从字面上说就是改变你的视角，问问他人怎么看。以下是一些超级棒的建议：

1. 问问自己：当前的问题有办法解决吗？如果没有，放下这个执念！

2. 你是否尝试过解决某个不同的问题？那个问题可能与当下的场景相关，但侧重点不同，而它可能更容易解决。如果没有，不妨试试看！

3. 如果可以的话，找一两个人来帮助你整理思绪，但不要找一大帮人，因为人数过多可能导致内部分歧和混乱。寻找你信任并尊重，但世界观与你不同的人。倾听不同意见总是有益的。

4. 提问。只限于提问，不是去寻求解决方案。问与你的情况有关的问题。

5. 收集意见，记录下来。

6. 回顾你的问题。根据你发现的主题将它们分类。出现了哪些新类别？能对类别进一步精简吗？有没有可能最终精简到一类问题？

7. 这些问题中有哪些看起来比较容易解决？把它们标记出来。

8. 后续有没有出现新的类别？这些是否可以精简？

9. 尽可能让他人对你的做法给出反馈。无论他们是否从头到尾参与了你解决问题的整个过程。他们注意到了什么？他们是否发现遗漏的问题？

10. 列出你有能力解决的问题，从中选择一个你首先准备解决的。此时，不再想你是否能解决它，而只是专注于考虑如何解决。展开头脑风暴思考解决方案。

创建自我关怀系统

当大量的糟心事一股脑地涌来，让你难以承受时，不妨看看下面的应对的技巧。也许你正在遭受慢性健康问题（无论是身体上的还是精神上的，抑或是两者都有），也许你大病初愈，也许你正在经历生活中的至暗时刻，生活发生了重大变故，针对以上情形这个技巧都能有所帮助。

哪怕这个重大变化是正向的，比如搬家、重返校园、升职、结婚、生孩子，都有可能让你感到紧张。将这些事情与正在接受癌症治疗的人相比较似乎不太公平，因为它们看起来跟后者完全不在一个层面。但是，无论是什么原因导致的压力水平提高，都需要我们采用技巧去应对。

建立一个自我关怀系统（这也是一种应对技巧）可以帮助你缓解持续的压力。大家肯定都读过这样的文章，或在 Instagram 上看到过这样的帖子，里面声称“好的皮肤养护习惯会完全改变你的生活！”哈，哪有那么简单！这是对头绪纷乱、困难重重的真实生活的过度简化。另外，不会有人因为我下巴上长了一颗痘痘就不爱我了。同样，不长痘痘也不会让讨厌的老板变得和蔼可亲起来。

但我要强调的重点是，自我关怀策略之间可以相互促进，增强你的应对能力。把每一个自我关怀策略想象成梯子上的横木，而你正在爬这个梯子，从压力和困境中逐步爬上来，走向稳定。想想你认为的高质量的日常生活应该是什么样子，然后对有助于达到这个目标的自我关怀策略进行排序。例如，有些人觉得早起第一件事就是洗澡，而我丈夫喜欢在一天结束后洗澡，尤其是当他做完家务活后，比如洗碗、打扫院子、清理猫砂等。这完全合理，对吧？这些日常的小事，对于某个人来说可能非常重要，但其实又没有什么必须如此的理由。也许你每天都要享用一杯黄油咖啡，或是和小狗亲密地抱抱。具体做什么，这个清单是由你来确定的，因此某件事重要还是不重要，都由你自己决定。

搭建阶梯的好处是，你会发现所有这些活动对你的健康有多么重要，因为每一步都是向上和向外的一步。如果你错过了一个横木，你会马上感到失衡，下一步就更难走了。如果随机去掉多根横木，那你要么只能紧紧地抓住梯子，不再往上爬，要么你就会摔下来。

时间管理的优化

研究压力的专家经常谈到时间管理的概念。时间管理可能与你有关，也可能无关。我知道很多人非常善于管理时间，但这些人仍然会因为时间有限而感到压力重重。然而，对于部分人来说，巨大的压力会削弱其对时间的感知，让他们觉得什么事都做不成。多年前我就写文章介绍过一种技巧，而且我注意到这种技巧在新冠病毒肆虐了几年后又逐渐变得流行起来，尤其是那些需要依靠系统性方法来处理工作的人。如果压力让你难以专注于长期的项目，这个办法可能有用。

企业家弗朗西斯科·西里洛（Francesco Cirillo）创造了“番

茄工作法”，这是一种应对压倒性压力的任务管理方法。这个方法非常简单，人人都能做到。这个方法需要你把要处理的任何事情分解成多个时间块，并加入适当的休息时间作为缓冲。例如，你可以工作 25 分钟，然后休息 5 分钟。这就是一个番茄周期。经过 4 个番茄周期后，你可以休息更长的时间。

把工作切分成多次短跑，而不是像跑马拉松那样一次性做完，可以训练自己更好地集中注意力，提高专注力和时间管理能力，而休息时间可以帮助你保持做事的动力。这种方法虽然无法帮你实现压根无法实现的事，但可以帮助你避免思维混乱，做好一些能力之内的事。番茄工作法能让你全力以赴，不管最终结果怎样，你都可以为自己曾拼尽全力而感到自豪。

规划你的生活

曾经有很长一段时间，我也不会真正有效地管理自己的时间或资源，无法认清自己，不知道想成为什么样的人。我不知如何去过创意满满的生活。我甚至都不会用电压力锅，在家一直用老旧的慢炖锅。

但后来我意识到，虽然早起本身并不让人喜欢，但当我能早睡早起，我就更能有效地管理我的时间，做好优先的事项。

每天早上我都会做一点运动，说来大家可能不信，但是，哪怕只是单纯散散步，也能给人带来诸多好处。比如，我患偏头痛的次数少了很多，慢性疼痛也减轻了不少。可能我的身体确实需要早点起床，做做运动。好吧，只好如此啦。

我几乎在所有地方都放着零食，所以如果我饿了，我不会吃那些不适合我的肠胃，吃下去会难受的东西。虽然我也喜欢做饭，但有时也需要一些能快速填饱肚子的东西。因此，我身边总有一些解冻即食的食品以及零食，比如无乳糖的冰激凌三明治、爆米花、薯片等。

我家的室内陈设是舒服至上，美观倒是其次，当然了，我觉得我家的室内陈设也挺好看的。我在所有地方都放着舒适的毯子和靠垫，适合阅读的地方还放着书和杂志。床头柜里放着膳食补充剂，这样我就更容易在规定时间服用它们。几乎在所有地方都放一副指甲剪，这样一来，遇上手指上有毛刺，就不用用手撕了。基本上，所有的东西都按照对我来说取用舒适的方式摆放，需要的时候伸手就能拿到。所以如果我不在家，我也知道侄女们的东西在房间的哪个地方，客户的东西在书房的哪个位置。

我的两个侄女可能会因为她俩的东西让我给放乱了地方而伤心，但这种安排对我来说很方便，这就够了。让家里的物品拿取方便，确实能减轻我的压力虽然这件事本身很小。因为如果刚过去的一周很糟心，又忘了吃补充剂，此时如果再发生某些阻碍我工作、生活或提升自身的小事，我恐怕就要崩溃了。

所以，如果你想减轻压力，最主要的是规划好你的生活。反思一下你现在的生活状况，有什么东西有助于你更好地生活。如果你觉得早上起来后立即铺床是一个很好的习惯，那就继续这么做。如果你不在乎有没有铺床，那就去做其他事：喝杯浓缩咖啡，吃点草莓，做几分钟伸展，或者看几分钟动画片。我对这些事不做任何价值评价……重点是这样的生活是否能够让你更好地实现自我。

学会拒绝，大声说不

你们知道吗？“不”可能是人类语言中最可怕的词（可能是因为它最有力）。对我们不想做的事情说“不”已经够困难了，对真正想做的事情说“不”更是困难，而后者往往更事关紧要。说“不”意味着我们能综合考量某项决策的成本，并据此进行规划。

我并不是让你完全放弃需要付出代价的事情，而是让你在决策过程中考虑成本问题。比如你在安静修养与要出去玩之间选择了后者，这是因为相较于疼痛，你更看重出去玩的快乐。比如你会在徒步旅行之前查看天气。这些都需要你有意识地、熟练地规划。我们也要做好备选方案。

多笑一笑吧

我们需要笑。我们真的需要笑。

笑能调节我们的情绪，减少身体中的压力激素，帮助我们更有创造性地思考。但你知道笑对身体也有直接的益处吗？笑不仅能通过减少压力激素来减少身体的损伤，还可以放松我们的肌肉，增强心肺功能，减少身体疼痛，等等。

人们常说“傻人有傻福”，有些时候，我们可以适当放弃思考，“人云亦云”，追赶潮流。要知道几年前，只花了5分钟，“精灵宝可梦 Go”的互联网流量就超越了色情内容。天知道在你读这本书的时候，当下的热门事物会是什么，但无论是什么，我都表示理解和尊重。我会用夸张的语调说话，工作时穿着奇怪的T恤（我喜欢从商店买一些男式T恤，自己给自己当老板的好处之一，就是我自己可以规定着装），在餐厅和服务员跳舞，（谢谢你，保罗！）站在购物车里，让我的丈夫（一个非常有耐心的人）把我推到超市的停车场。

有时候我们只是需要笑一笑。花一分钟时间走出让我们沉重的事情，请记住，生活也可以是令人愉快的，认识到这一点带给我们第二天继续拼搏的能量。

第8章 与压力相关的其他问题

好的，尽管大家的应对技巧已经很好了，但有些方面的压力要比之前提到的更复杂，如倦怠、冒充者综合征以及自我破坏行为等关乎压力的复杂核心问题，不讨论这些问题会显得不够全面，而我不希望有所遗漏，那就让我们深入讨论一下吧。

压力和倦怠

倦怠绝不是一种新的现代疾病。倦怠的概念在文学中一直存在（从《圣经·旧约》到莎士比亚），并且已经有足够充分的针对倦怠的科学研究，被定义并量化，人们对它已经充分了解。

倦怠可不仅是“你现在看起来很疲惫，要不请一天假吧？”倦怠是面对压力事件时产生的复杂生理和心理反应。

那么倦怠究竟是什么？让我们从世界卫生组织的定义开始：一种“因未能成功管理慢性工作压力而导致的症状群”。

不过这个定义也有问题。首先，定义很模糊，而且有指责受害者的倾向。其次，它没有将压力具体化（所以我们接下来会进行这项工作）。

最后，它将倦怠的范围限定在工作场所。这可能是因为目前所有关于倦怠的研究都是以工作场所为中心的。但我觉得不应该是这样，压力存在于生活的方方面面。所以如果倦怠是对压力的反应，那么它就可以存在于我们生活中的任何地方。新冠疫情已经明显反映了这一点，并促使对倦怠的研究超越工作场景，延及生活中各个领域。

2020 年让许多人不得不迅速地将家庭转变为生活的重心。

并非是因为所有人都失去了工作，而是因为大家都必须找到在家工作的方法。孩子们转向了网课，效果并不理想，但至少还算是可控的。然后，疫情的持续时间从几周变成了几个月，又从几个月变成了几年。要度过这个艰难的阶段，就需要保持积极的态度和清晰的认知。

但是呢？我们承受了有形和无形的损失，有过剧烈的悲痛时刻，还有一种说不清道不明的持续性悲痛和失落感，旧有的生活秩序崩塌，而生活新常态远未建立。人们能够承受的悲伤和改变是有限的，超出这个限度会带来压力，并可能导致崩溃。

每个人都会根据自己的价值观对事件做出反应，价值判断的形成又是基于我们过去的历史、过去处理压力的成功经验、可用的资源、对其他人处理事情的看法等。然而，由于疫情拖延日久，压力持续不减，即使我们没受到任何情感上的伤害，也是难以承受的。

但这引出了一个有趣的问题。情感伤害的本质是什么？我们称之为“倦怠”。但这种命名方式是否只是换汤不换药，给老问题起了个新的名字？

关于倦怠的研究，需要关注的问题就变成了：倦怠真的只是抑郁的另一种说法吗？倦怠和抑郁确实有一些共性（兴趣的丧失、注意力受损）。或者换种问法，因为压力可能导致焦虑，所以倦怠可能只是焦虑的一种新形式？正因研究者尚不确定这到底是旧问题还是新问题，所以始终难以对症下药。

个别研究在比较职业倦怠与抑郁、焦虑的关系时，得出了不尽相同的结果。为此，一些研究者将这些研究汇总起来，进行了所谓的元分析。元分析是将多个探讨同一问题的科学研究数据进行综合分析，从而得出一个整体性的结论，解答每项独立研究都在试图探索的问题。

然而他们的研究结果是什么？简单说来，倦怠、焦虑和抑郁都有自身独特的构念。倦怠不是被误命名的抑郁或焦虑。也就是说，你可能同时经历着抑郁和焦虑（或者两者都有）。或者你可能只是倦怠，此时抗抑郁或焦虑的药物不会对你有效。

倦怠的要素

职业倦怠并非模糊难以定义的概念，它和其他许多心理健康问题一样，能预示多种身体疾病的发生。这很可能与其中的慢性压力因素有关。研究表明，职业倦怠与头痛、慢性疲劳、胃肠道问题、睡眠问题以及更频繁的感冒和流感有关，同时还与一些更严重的问题相关，如药物滥用、冠心病、呼吸系统疾病和整体寿命缩短。这意味着我们应该像对待其他医疗问题一样严肃地对待职业倦怠。让我们深入探讨职业倦怠的本质。如前所述，在文献中倦怠一直被视为人的一种普遍的状态。不过，它通常仅指一种情绪耗竭的状态，这种耗竭源于持续性压力转变为长期的心理困扰。

在倦怠研究领域，最鼎鼎大名的是社会心理学家克里斯蒂娜·马斯拉赫（Christina Maslach）。社会心理学家关注人在社会中的行为。因此，马斯拉赫博士怀疑，倦怠不只是我们的疲劳感受，还涉及个人心理状态与社会环境之间的相互作用。也就是说，倦怠存在于社会环境中，它不完全是个体的问题。基于此，她提出倦怠有三个组成部分：情绪耗竭、愤世嫉俗和个人成就感的降低。

情绪耗竭：这是我们提到倦怠时都会想到的部分。感到情感被过度消耗，乃至情绪耗竭。当我们感到一直被消耗且一直没来得及恢复时，就会感到超负荷，容易与周围人发生冲突。这被认为是倦怠的个体压力维度。

愤世嫉俗：对周围人的反应变得冷漠、愤世嫉俗或消极。作为一种缓冲机制，愤世嫉俗是人们在不断经历情感疲惫时发展出来的。因为感到生疏和不知所措，所以我们在情感上退缩，最终变得麻木，与周围人脱节，有时甚至变得去人性化，对他人缺乏同情心或同理心。这被认为是倦怠的人际维度。

个人成就感的降低：在任务中无法完全胜任或成就不足的感觉。倦怠的定义就是针对工作提出的，所以这里侧重的也是工作。但我认为它很容易延伸到生活的其他领域，因为生活中没有哪个领域是没有任务的，也没有人可以完全不依赖彼此。哪怕我们完成工作的能力并没有真的降低，我们依然会在内心给自己失败的自我评价。因此这个层面是倦怠的自我评价维度。

早期研究认为，当我们面对高标准和感到过载时，情绪耗竭会首先出现，这会导致负面的人际评价，继而产生不足和失败的感觉。在现实中，情况可能不会如此清晰地按顺序发生（现实生活是混乱的），但可以肯定的是，生理上的耗竭会导致情绪耗竭，继而引发后续发生的其他关系变化。

假如以上都发生了，解决方案是什么？

一旦倦怠的组成部分被具体化，社会心理学家的下一个任务就是找出倦怠的对立面。研究人员最终确定了一个他们称之为“投入”的概念。在这个情境下，“投入”并不是指品尝婚礼蛋糕的口味或预订场地的过程，而是指一种状态，即你认为自己在所处的领域中是有成效且充实的。如前所述，他们讨论的是工作场景中，但我认为这也适用于生活的任何方面。

如果我们去找与倦怠的三个组成部分对立的概念，就会发现有以下三个因素：

- 高能量
- 强烈的参与感
- 效能感

这些听起来都很好，对吧？那么如何达到这种状态呢？

如果在搜索引擎上搜索“管理倦怠”，你会得到很多结果。我得到了 36 100 000 个结果，其中大多是“抹上椰子油去做瑜伽”之类的建议。我也是一名瑜伽教练，但我不会浑身涂满椰子油，我只会在烹饪时用到椰子油。在管理倦怠方面，上述这些都是个体性策略。但有时我们必须承认，在某种情况下我们唯一能掌控的就是自己的反应。

我没法递给你一罐椰子油和一个瑜伽垫，所以，我还是跟各位分享一种在疫情期间客户都认为非常有效的治疗训练技巧吧。这不是应急的短期解决方案，而是一种像学骑自行车一样需要逐渐练习的技能。

一般情况下，当压倒性的感觉出现时，我们通常会出现两种反应：要么它把我们吞没（这好理解）；要么我们试图压倒它，挣扎着继续前进（这同样非常好理解）。

然而，长期来看，强行应对和放弃都不是长期可行的对策。我曾和客户打过一个比方：这就像试图把排球按在水下一样，我们当然可以全神贯注地按住排球，但如果我们的注意力在某一瞬间因手臂稍微疲劳而分心，排球就会弹起来打在我们的脸上。

让我们回到各自的现实生活。还记得在第 6 章讨论的元认知疗法（MCT）吗？这种方法对倦怠也非常有用。提示一下，研究人员发现 MCT 能有效保持前额叶皮层的活动，因为 MCT 聚焦于我们的思考方式。这与认知行为疗法不同，后者关注的是我们思考的内容，因此这种疗法的前提是假设我们的想法是错误的。正如“元”这个词所暗示的，我们上升一个层次来进行宏观考量。当我们感到倦怠时，面对糟糕情况会变得固执，继而导致持续性焦虑。也就是说，我们之所以关注焦虑，因为它的突然出现，让大脑开始大喊：“这非常重要……放下一切！”

这种技巧需要你不断练习，直到它成为你的新认知习惯。好比你去健身房锻炼力量和肺活量，要练到你去徒步不再轻易感到筋疲力尽或受伤。它从元认知疗法使用的一种练习方式改编而来，原本的练习方式要求每天练习两次，连续四周，以便形成思维惯性。这听起来是一个耗时的大项目，但其实具体到每一次的练习，其实只需要花费 10 到 15 分钟。

要进行这个练习，首先找一个你喜欢的地方坐下。

然后识别周围两个响度不同且彼此之间有一定距离的声音。可以是墙上钟表的滴答声和你在手机上正在播放的音乐，或者轻敲桌子的声音。

花几分钟在这两个声音之间切换你的注意力，注意声音本身以及声音的位置。

等你觉得可以不费力气地缓慢地切换注意力，再花些时间练习快速地来回切换，这一次仍然要关注声音本身和声音的位置。

掌握了上述切换技巧之后，接着拿出几分钟练习同时注意两个声音。

如果你的环境中还有其他声音，而且你感觉心情不错，不妨把它们也加入练习中。

这个练习目的是帮助你注意到你的身心变化，而不是试图抑制它或被它吞噬。你可以认识到大脑正在思考，如果它在进行合理的担忧，就更多地关注它，如果大脑只是在胡思乱想，那就坐视不理。正如我之前提到，元认知治疗师皮亚·卡列森将此比喻为“在嘴里含着口香糖但不咀嚼”。不被压倒性的情绪吞噬，也不试图抑制它。你认识到它的存在，并把它放在一边，等到你有更好的时间和空间以及能力去处理它时再进行处理。你越能保持前额叶皮层的活动，就越能有效管理扑面而来的混乱。

如果做瑜伽等活动能让你感到滋养和放松，那么这些活动对倦怠也有同样的效果。任何有助于缓解你情感疲劳的事情都是你应该多做的。

在有些情况下，大道至简，也就是说，多行“无为”之为。如果去健身房、柔道馆、工作室等地能治愈你，那就把这些项目放在你的日历上，并像对待其他任何重要约会一样对待它。但如果你只是看到了某个预防倦怠的行为清单，就觉得自己“应该”做这些事情，那还是算了。好好吃饭，洗个热水澡，然后在合理的时间上床睡觉。顺其自然也是良药。

预防倦怠的六个关系领域

个体策略也许可以缓解压力，但在对抗倦怠方面，有研究发现社会－组织策略最为有效。因为倦怠是一个关系问题，需要关系层面的解决方案。

我喜欢所有的组织和工会活动。这些活动无论发生在什么环境，都有许多在关系（社会－组织）层面上正式/非正式对抗倦怠的方法。

目前已经确定有六个关键领域的措施，可以有效赋予人们力量、预防和/或治疗倦怠：工作量、控制、认可/奖励、社区、公平和价值观。

工作量：一个人不能也无法长期处于工作量持续过载的状态。在持续过载的状态下，我们没有时间休息，无法养精蓄锐，恢复平衡。我们会逐渐失去满足需求的能力，没有时间改进和增强现有技能，也无法学习新的能力。即使在快节奏的当下，我们是人不是神，做事只需尽人事而听天命即可，并且要互相帮助。一旦设定这样的期望，我们的压力会顿时减轻，不必再时刻保持全速前进，把自己搞垮。如果你有经济实力并注重膳食健康，可以通过叫外卖或预制菜来节省时间。你可以使用慢炖锅，多做一些冷冻起来以备下一周当中食用，而不是每天都花时间做复杂的美食。你可以使用可降解的餐具，减少洗碗的时间。检查一下，看看哪些事情让你花费大量时间，并找出不牺牲重要事情却能节省时间的方法。

控制：当我们缺乏自主权，且无法影响决策过程时，我们更有可能经历倦怠；而如果能够参与到决策过程中，或者至少意见能被考虑和重视，情况会好很多。当需要完成某项任务时，我们应当去创建新的系统，而不是被迫去适应旧有系统，这将是一个重大的改变。比如，为什么不能坐下来舒服地工作？或者站着？或者坐在弹跳球上？或者通过语音转文本的方式写论文？或者无论什么最适合你的工作方式？

认可/奖励：当我们的努力没有得到应有的认可，无论是在财务上、制度上还是社会上，我们便更有可能经历倦怠。我对有人反对提高最低工资感到惊讶，我不知道为什么有人认为15美元/小时是高薪，并认为从事快餐店服务员这份工作不需要什么技能。无论如何，在经济上认可他人的劳动非常重要，这意味着支付给人们公正的工资。但人们也需要得到其他非经济方式的认可。我们可以从这些地方开始，着手做出改变。我的意思不是为团队举办个派对就可以了。我的意思是，要向在我们需要时就及时伸出援手的人表达感谢，感谢他们时刻关心我们，并在实际行动和情感上支持我们。

社区：当我们对某个地方缺乏归属感时，就会感到倦怠。我们通常不是因为工作本身而辞职，而是因为与上司或同事的关系，或者感觉到自己在当前环境中不受欢迎。我们离开的是同事，是俱乐部、团体、学校和各种关系。但是，当我们有社会支持和有效解决分歧的手段时，就会有投入感和参与感。我的一些客户还是在校生，我通常会建议他们组建学习小组，合作内容包括分享联系方式、创建Google小组文档共同记笔记、分享资源等，这不仅能增强他们的归属感，还能帮助所有想要一起工作的人共同走向成功。

公平： 指的是个人对程序和决策过程中对待遇的公正性的认知。虽然不可能在所有时间都做到绝对的公平，但我们可以努力追求公平，重视公平和尊重，这样情况就会越来越好。公平意味着付给人们应得的报酬，同时也包括经济以外的方面。比如不管有没有孩子，所有人都有一样多的假期，并尊重每个人希望如何被称呼（包括名字和代称）。

价值观： 个人参与工作或志愿活动的动机通常与他们的理想和价值观有关。在工作关系中，功利性交换通常指的是个人投入时间和劳动，以换取金钱、满足感、晋升机会和自豪感。在志愿工作中，个人投入时间和劳动，以换取成就感和对变革的承诺。当我们的价值观与我们正在做的事情不一致时，倦怠感会增强。我很幸运现在有一份非常契合我价值观的工作。我也曾做过糟糕的工作，相比工作内容本身，我更重视在这份工作中建立的社交关系。我重视与同事、下属以及客户（尤其是常客）之间的关系。比如有一位怀孕的女士，她每次都点金枪鱼泡菜三明治，我每周都为她做几次，长此以往就经常聊天并成为朋友。我们可以根据不同情况以不同方式建立和价值观的联系，当我们能做到这一点时，我们看待世界的方式都会变得和以往不同。

如果这六个领域就是判断是否处于“投入”状态的条件，那么你现在的生活中最缺乏的是哪个领域？如果不止一个，哪个是最紧迫的或情感上最令你痛苦的？更进一步：

- 这个领域的哪些方面是你无法控制的？
- 哪些方面是你能够控制的？
- 谁是能和你一起创造变化的坚定盟友？
- 谁还可能成为你的盟友？
- 你和你的盟友还有什么其他优势？

第一个头脑风暴：你（和你的盟友）可以采取哪些方式加强这个领域？哪种方式看起来更可行？

第二个头脑风暴：你（和你的盟友）能想到哪些可以实现结构性领域变化的策略？哪种策略看起来更可行？

按照这个思路，你可以制订出一个可行的行动计划，这个行动计划能够通过一种策略性的关系方式，加强上面提及的某个领域，以抵御（或修复）生活中的倦怠感。因为有时候仅仅改变我们自己和我们的看法是不够的，世界也需要改变。

冒充者综合征

对于冒充者综合征患者来说，我们都在与内心严苛的自我批评声音做斗争。这种声音既是一种普遍存在却往往难以察觉的压力来源，同时也是压力积累的结果。这形成了一个恶性循环：随着时间推移，我们将外界对我们能力不足和失败的暗示内化，最终我们所接收的负面信息变成了我们用来否定自己的武器。

内心的声音告诉我们自己缺乏价值。我们会有强烈的“不配得感”，认为自己的成功并非实至名归，感觉自己像是即将被揭穿的骗子。这种内在声音会带来痛苦、抑郁、焦虑、不信任、自我批评和自我破坏等。然而这些内在的负面信息非常普遍，并不停地质疑你正在做的工作，如“你永远不会成功，那为什么还要尝试？”“不管你有多努力工作没有人欣赏。”“你承受的压力太大了，你无法处理这种压力。”“你所有的成功都是靠运气取得的，你没有公平地赢得它们。”

研究员保罗·罗斯·克兰斯博士最早在临床工作中将冒

充者综合征的表现具体化，她将其定义为“人们无法内化其成就的一种心理现象”。她研究的对象是身居高位的女性，这在当时（20 世纪 70 到 80 年代）还相当罕见。任何未能珍视自己贡献的人，都可能将自己视为冒充者。尽管这个定义非常宽泛，但研究表明，许多冒充者综合征患者往往成长于非常失调的家庭，且经受过父母的虐待。因此在冒充者综合征患者中，普遍存在混乱的依恋类型。

如果我们始终认为自己只是幸运，而不是能力强或勤奋，我们就会表现出一系列特定的特征。也许不是每个人都同时具有这些特征，但它们是克兰斯的研究所发现的共同点。

1. 冒充者循环：由于不信任自己的能力而导致过度准备或拖延。将成功归功于努力或运气，而不是随着时间增长的技能。

2. 追求最好：许多患有冒充者综合征的人曾经发现自己在某些活动中是最优秀的。但当他们进入更大的领域（大学、职场）时，他们会遇到在某些方面比自己更优秀的人，这导致他们看不到自己的优秀，而是觉得自己一无是处。

3. 超人情结：超人情结意味着总是希望成为超人，与单纯追求成为最好的不同，超人情结更多地与完美主义相关。这包括用不切实际的完美标准要求自己，给自己施加巨大的压力。

因为你可能在某些情况下已经是最好的，但仍然觉得自己做得不够好，或者认为没有达到完美就等于是搞砸了。

4. 对失败的恐惧：如果一个人一直要求自己做到最好，甚至达到完美，就会导致他对所有基于业绩进行评价的任务产生极度恐惧。这就造成了过度工作——过度准备——筋疲力尽的循环。

5. 否认能力和贬低表扬：接下来会发生什么？意识到自己有多努力（过度）工作，并将所有的成功归因于努力，会阻止我们接受积极的反馈和表扬。这可不是虚假的谦逊，而是对自己的成功感到不安，因为我们真的觉得自己不配得到表扬或任何成就，以至于我们会与观点相反的人争论。

6. 对成功的恐惧和内疚：患有冒充者综合征的人打心底觉得自己不配获得成功，要么担心成功会带来更多的期待，要么自己没有做足够的工作来“赚取”成功。冒充者综合征患者可能会通过过度准备和工作来证明自己的价值，但这么做会让你筋疲力尽。

自我破坏

讨论冒充者综合征必然要讨论自我破坏。自我破坏是指冒充者综合征患者继续超越极限地表现自己，并未患有这种病的人也可能以潜意识的方式，一次又一次让自己失败。心理学家布拉德·布伦纳（Brad Brenner）将自我破坏定义为我们对自己的幸福和成功造成破坏和伤害。《自我破坏生存指南》（*Your Self-Sabotage Survival Guide*）的作者凯伦·伯格（Karen Berg）也同意这一点，并补充说自我破坏是其他负面心态（比如冒充者综合征）的直接结果。冒充者综合征通常与混乱的童年经历和由此产生的依恋问题相关，而自我破坏通常与童年创伤有关。它可以表现为：

- 无组织
- 犹豫不决
- 完美主义
- 拖延

摆脱自我破坏和冒充者综合征并不意味着你必须变成一个狂妄自大或喜欢吹嘘的人。实际上，摆脱后会让你更现实，甚至变得谦逊。最重要的是，你将更清楚地了解自己需要做什么，以及你的行为和信念如何影响你期望的结果。

管理这些行为，和其他许多为心理健康做出的努力一样，始于自我意识。一旦我们把自己的潜意识本能变成有意识的行为，我们就可以找到更好地管理自我意识的工具。

首先，想象自己是一个自我破坏和冒充者综合征的“民族志学者”。正式地、有系统地进行自我研究可能让人感觉有点傻，但相信我，在它变成你的习惯之前，你需要正式地引导自己体验这个过程。

第一步：如果你觉得自己很糟，那就测试这个假设对不对。每当你取得成功时，都要记录下来。除了记录成功，也要记录运气、时机和努力在这次成功中所发挥的作用。通过这种方式，你可以更客观地评估自己的能力（即自我效能），看看你到底是如自己所想的那样缺乏能力，还是比自己认为的更有能力。

第二步：选择你的支持者。在你的生活中有哪些人能带给你正向和充满爱的反馈？请与这些人保持联系。远离那些对你所做的一切都持消极态度的人，或者只会发表负面意见的人。同时，也要远离那些无论何时都无条件赞美你的人。好的支持者是那些在关键时刻给予你坚定支持的人。与这些支持者保持联系，向他们寻求反馈，并认真倾听他们的回答。如果他们说你做得很好，相信他们；同样，如果他们告诉你有需要改进的地方，也相信他们。

第三步：以你钦佩的人为榜样。前提是你应该真正钦佩他们，不仅是因为看到对方赚了很多钱，而是因为对方在保持道德准则的同时，还能做出伟大和令人钦佩的工作，同时取得令人惊叹的成就。在神经语言程序学中，这被称为“成功模型”。注意那些在某些领域做得非常出色的人，尝试去了解他们成功的策略。如果可能的话，直接询问他们成功的秘诀。成功模型中最重要的部分不仅是观察他们如何完美地执行任务，还包括观察他们处理失败、不完美的做法，以及未达成目标时的反应。学习他们如何应对挫折，以及如何从失败中学习并成长。

第9章 我们还能做些什么

本书的大部分内容都集中在我们需要做的事情上，以帮助我们更好地管理压力。每个人都可以为改变世界做出自己的努力。当然，我并不是宣扬一种类似“阿Q精神”的精神胜利法，也不是要去粉饰太平。在很多时候，我们所能控制的只是自己在社会和人际关系中的反应。那么，我们该如何反应，来面对复杂且充满压力的生活呢？

在逆境中探寻积极的意义

你可能听说过这个寓言：有一个男孩，当他看到一大堆马粪时非常开心，因为在他看来，那些粪便说明附近有一匹小马。寓言要说明的就是在每种情况下都能发现潜在价值。寻找小马技巧也是得名于此。生活中有些人，他们的汽车抛锚了，却意外结识了拖车司机。他们不是简单地盲目乐观，而是竭尽所能，发现现实中的积极之处。面对糟糕的世界他们会说："你伤害不了我"，表示他们不向逆境屈服。这实际上是一种非常出色的应对技巧。在糟糕的环境中寻找积极的意义，可以让你超越当前的困境，并积极行动起来，让世界变得更美好。

我最喜欢的一本书是维克多·弗兰克尔（Viktor Frankl）写的《活出生命的意义》（*Man's Search For Meaning*）。他曾进过集中营，后死里逃生。他从这段经历出发，创造出一种被称为"意义疗法"的治疗方案。意义治疗的核心理念是寻找生活的意义和目的，这可以成为情感疗愈的一个基本组成部分。某些应对技巧甚至具有变革性的影响，这实在是太酷了，让我们来看一些具体例子。

创造

"破坏"不是一个抽象的概念，而与我们每天需要处理的事情相关。破坏有多种表现形式，包括对物理结构的损坏、对其他生物的伤害，以及那些无法用物理方式测量但确实存在的伤害。任何一个因为生活的重担而倒地的人都可以向你证明，悲伤和失落是非常真实的物理感受，我们无法衡量这些感受，因为它们太过巨大，超出了任何量表的测量范围。

破坏的对立面是什么？是创造。还记得我们谈论过创伤性压力和“小创伤”对人的微妙影响吗？这些创伤会让我们感到受限，乃至于在头脑里压抑我们的创造。为了对抗这种由创伤引起的限制感，我们应当扩展我们的存在方式。

比如，当有人从你那里拿走东西时，我的建议是：创造。在世界上创造出一些以前不存在的东西。

尽管心理学课程可能会讲述“自我”的概念，但实际上并没有一个固定的“自我”存在。尽管如此，我们每个人都有一个内在声音，用来交流彼此的思想、感觉、言论和行为。创造就是分享那个声音。你可以画一幅画、编一条围巾、唱一首歌、种一棵树或者烤一个蛋糕。你可以在你的网站、脸书上或者在咖啡店的餐巾纸背面尽情地书写。在破坏面前进行创造可能不会减少损失，但它可以帮助我们在感到完全失控时重新获得力量。你可以在这个世界上发出你的声音。

墓碑测试

还有一个简单的测试，但过程可能稍微复杂一些。想想你希望在你的墓碑上看到什么文字。你现在正在做的事情是否让你朝着那个墓志铭迈进？

这个办法可以让你反思一下，你是不是你希望死后被人记住又想如何被记住。如果不是，你会如何改变你的行为，以便在照顾自己和保持良好的人际关系边界的同时，向世界展示你最好的一面？

我们往往会不自觉地只关注眼前紧迫的问题，特别是在感到不知所措的时候。关注当前问题当然是重要的，但同时，也要关注一些长远的问题，如我们是谁、我们在哪里、我们想成为谁、我们想去哪里。

改变这个讨厌的世界

我妈妈过去经常取笑我哥哥。“可怜的孩子，他还以为自己能改变世界。”我的回应是：“嗯，然而这些人通常都做到了。”没有人能通过坐着无所事事就让周围人觉醒。同样，也没有人能通过耐心地坐等别人注意到他们受到不公待遇而获得权利。

作家安妮·拉莫特（Anne Lamott）写到，每当感到不知所措时，她就会写张支票，或是种花。她的支票是写给那些在世界上做善事的组织，以及那些与压倒性邪恶做斗争的组织。种花是对未来的投资。像郁金香这样的花总是从坚韧的鳞茎开始生长，它们在秋天被种下，在寒冷的冬天生长，然后在春天开花。种花是一种身体上的暗示，告诉我们即使在艰难的时刻，也能继续绽放。

当我们开始改变自己，世界也会改变。或者至少，我们可以赋予自己尝试改变的力量。当世界处于危机之中，我不会坐在一旁无所作为。如果发生了火灾，我会努力去找一桶水，哪怕只有一口水，我也会吐在火上。因为努力让事情变得更好的过程，也会让我感受到美好。

面对人皆有一死的事实，我不会抱着宿命论和虚无主义的态度。我会为每一天而战。

为别人做点好事

你知道吗，研究表明，为别人做点好事比为自己做好事更能激活我们的奖励中枢。我并不是阻止你奖励自己，但也请考虑一下你能为其他人做些什么，尤其是那些可能正在经历糟糕时光的人。

你会分享松饼给你的同事吗？或是称赞一个陌生人的衣服漂亮，或是和孩子们一起打篮球？如果是这样，那就表明你正在邀请他们进入你的自我关怀圈。这些行为是在向他人展示关怀，同时也在鼓励他们照顾好自己，提升自己应对压力的技巧。每当你为别人做些事情时，就是在用微小的行动改变世界。

培养同情心和慈悲心

对于我们面对的压力来说，最好的做法之一是用温和的态度认可它，而不是心怀怨恨。我们之前谈到了自我同情，对吧？同情始于家庭，源于我们自己的人性。在我们能够做到自我同情之后，下一步是将这种同情扩展到他人身上，同时也对他人抱有慈悲心。

同情他人意味着希望所有人都能摆脱痛苦。当你努力释放自己的痛苦时，你会希望其他人也能获得同样的、不被痛苦束缚的自由。这需要你日复一日地练习，不是只靠一次就能做到。这是一种积极的同理心，跟怜悯不同，因为怜悯带有距离感。当我们怜悯某人时，我们其实是将自己与他的经历保持距离，认为他的经历与我们的经历有本质的不同。相反，同情意味着接受我们具有共同的人性和脆弱性，并希望一起从痛苦中解脱出来。

慈悲心是同情心的补充，是希望他人拥有积极的幸福。

无论选择哪种生活方式，都不要成为一个软弱的人。这不是让你抹除你与他人所有的界限。你可以对人们怀有同情心和慈悲心，同时又不让他们伤害你。毕竟，伤害别人更可能让他们难以感受到爱和摆脱痛苦。

佩玛·丘卓很难做到虽然承认这很难做到，但她认为哪怕做不到，只是尝试去也非常有益。她建议我们从最爱的人开始，因为我们很容易对自己的亲人产生同情心和慈悲心。在成功地做到这一点后，就可以把同情心和慈悲心扩展到其他人身上，其中也包括那些有点靠不住的人。最后，我们甚至可以扩展到那些伤害我们的人身上，因为他们最需要这种情感。

为他人祈愿真正的幸福和摆脱痛苦，是我们可以给自己的最好礼物，因为这让我们变得更加健康。它会排出与压力相关的有害化学物质，增强免疫系统，并激活我们大脑中处理共情和其他情感的部分。简而言之，关心他人的经历会使我们变得更好、更健康，所以它并不是一种没有回报的无私的奉献！

如何助力他人

你可能是为自己买的这本书，这能帮助你成为一个能够自我关怀的人。但是很多人买我的书是为了帮助那些正在压力中挣扎的人。如果你恰好这样想，我希望你在书中收获到有用的知识，能够让你更好地帮助他人。任何人都需要更多的支持和应对工具。

帮助他人提高压力应对能力，也可能存在一些风险，那就是可能会无意中让他们感觉自己有问题，需要改正。即使这是事实，也不要直接告诉他们。

因为很可能，他们会报复你，把你的轮胎划破。

我经常被问到的一个问题是：你如何在既不纵容不良行为，又在尊重他人自主权的情况下去支持某人？没有人希望表现得愚蠢，而我们大多有过说错话的经历。

这里有一些更加合适的帮助他人的方案。

- 尊重他们的经历和他们的情绪反应。任何感受都是合理且真实的。
- 意识到没有人会瞬间从完全平静（0）转到突然激动（100），他们很可能已经在临界点（99）了。或许是因为他们擅长隐藏自己的情绪，又或许是你不慎错过了他们之前表现出的某些迹象。如果某人对一件小事有过激反应，这可能是因为这件事是“压垮骆驼的最后一根稻草”。

- 如果不能完全理解他们的感受，那就先讨论你自己面对困难的经历。谈谈对你帮助最大的人和事，谈谈你不得不做的事，以及你是如何转变自己的思维的。通过这些唤起他们对未来的希望。
- 给他们看看这本书。向他们展示书中的内容并告诉他们，任何情绪表现都是正常的生理反应，他们是强大的，即使资源耗竭，也能坚强地应对和生存。
- 帮助他们找出你们可以一起分担且不会感到过于困难的事情。你可以帮他们清理厨房，或者一起去徒步。如果这是一个对你们都有益的活动，那就两全其美了，对吧？
- 请务必告诉他们，你提供帮助是出于真诚的意愿，而不是为了满足自己的需求。不要做对方不想要的事情，不要让他们觉得你是通过完成任务来获得满足。直接而坦诚地告诉他们你的意图："我帮助你并不是为了让我自己感觉更好，我只是想尽可能地帮助你。"
- 即使他们认为自己现在不需要帮助，也不要因此放弃。告诉他们如果情况有任何变化，你愿意随时提供帮助，并且你的帮助是真诚和无条件的。
- 试着去了解预防自杀的培训。在必要时勇于提出那些可能难以启齿的问题，询问他们自杀的想法和感受。

记住，当某些人正处于逆境，他们很可能会把自己经历的反应投射在你的身上，或者是那些你关心的人（比如你的孩子）身上。你可以从他人的角度理解他们的行为，但不必容忍不良行为。划清边界，并与对方沟通，说明这些底线不被尊重时可能产生的后果。如果对方的行为越过了界限，按照之前沟通的结果进行处理。如果某些行为让你觉得难以继续沟通，要清楚地表达出你希望看到哪些新的行为改变，才能重新建立联系。

培养健康的人际关系

还记得我们在本书的开头谈到的那个压力研究吗？新冠疫情期间，压力的主要来源是人际关系。我可以用我在那段时间私人执业中的数据来证明这一点。无论我们本意如何，最亲近的人往往承接了我们大部分的情绪。我过去写过文章探讨不良人际关系模式，一旦我们意识到自己的人际关系模式存在问题，就更容易做出改变，为所有相关的人减轻压力。

但是，无论我们是需要处理一些不良的人际关系（我们每个人或多或少都有这个问题），还是亟须在我们状态不佳时更熟练地进行自我对话，丹尼尔·福克斯（Daniel J. Fox）提出的赋能关系习惯都可能会对你有所帮助。这个列表并不是为了让你感到羞愧，不是告诉你“哎呀……你什么都没做对”。事实上，你做对了很多事情，而且很可能你已经在大多数时间里做了这个列表上的一些事情。这个列表旨在帮助你提高日常互动中的觉察。它提供给我们一些想法，告诉我们在哪里放慢脚步，重新连接到我们的正念，由此形成更好地服务于人际关系的新习惯（这反过来又有助于缓解压力）。你擅长什么？你可以做得更好吗？你可以使用什么技巧来提高你的沟通能力？你可以采取什么策略来培养这些技巧？虽然这些习惯中有一些更针对亲密关系，但许多习惯可以应用于各种关系。

1. 尽可能地使用平和冷静的语气。尽管对一些人来说，大声喊叫可能是一种情绪释放的方式，但对于需要倾听的人来说，这并不是一个有效或愉快的沟通方式。虽然有些人能接受被大声斥责的情况，但恐怕没人会觉得这是一种愉快的体验。大声喊叫不仅不会对沟通有帮助，反而会使已经压力重重的局面变得更加艰难。这并不是说要对讨厌的人也甜言蜜语，而是说如果保持正常的音量和语速，以平和的语言说话，你就不会给争吵火上浇油，这样也会让对方更有可能真正接收到你的信息。

2. 说话具体一些。直接的沟通方式不仅对患有神经多样性人群有益（他们听不懂弯弯绕绕的含蓄表达），对所有人都有帮助。因为没有人会读心术，如果不清楚地表达，不明确地说明情况，对对方来说就是一种压力，就像我们在压力分类中曾经讨论的那样。尽管有些人很擅长推测，但直接表达你的需求，而不是期望别人猜测，可以更有效地沟通。有些人称之为“询问文化”而不是“猜测文化”，意思是问你想要什么而不是期望别人猜你想要什么。

3. 在对话中展示同情心。再次强调，这并不是要用热脸贴别人的冷屁股，这种方法只有在真诚的情况下才有效。我的客户常常认为我“善良甚过友好”，因为我经常对他们这么说：“我完全理解你是如何做到的，你的努力都是有意义的，你一直在尽最大的努力……但是我们现在必须尝试一些其他的东西，是时候尝试新的技巧、拥抱更好的结果了。”通常情况下，人们确实在尽他们最大的努力，他们的挣扎往往与压力、沟通技巧不足或自我调节能力不足有关。评判他人会增加对方的压力负担，但表达对对方的同情和理解，就会产生完全不一样的效果。

4. 承认你的错误。我们曾一度认为那些从不承认自己错误的人是自恋者。但你猜怎么着？在严苛家庭中长大的人也很难承认自己的错误，他们在被剥夺权利的不良环境中长大，长期处于防御状态，经受的压力是难以想象的。但在健康的关系中，承认我们做错了什么会让别人感觉到我们值得信赖，这样他们和我们交流时更能敞开心扉。当我们的行为造成的影响与本意大相径庭时，承认错误就显得格外重要。我们往往出发点是好的，但在执行过程中却把事情搞砸了，而简单地说一句“我不是故意的！”并不能抚平对方受伤的心灵。比如，你觉得很有趣的事情，在你伴侣看来可能完全不好笑。这种情况下，我们更需要认真对待对方的感受，而不是仅仅强调自己的初衷。在这种情况下，我曾经身处双方的位置，想必你也有类似的经历。试想一下，当别人对你受伤的感受采取防御姿态时的场景，你心里是怎么想的。再设想一个场景，如果对方能说：“感谢你愿意告诉我你的感受，我从未从这个角度考虑过，以后我不会再开这样的玩笑了。”后一种回应会让情况完全不同，对不对？因为这样的回应让人感受到被倾听、被理解、被尊重的温暖。

5. 真诚地道歉。我不是建议让你凡事都说“如果你生气了，我很抱歉”，如果你的道歉内容到此为止，那不如不道歉。再看一下上面的例子。把这句话变成“感谢你愿意告诉我你的感受，我从这个角度考虑过，以后我不会再开这样的玩笑了。

很抱歉我让你感到痛苦。”再次注意，我们谈论的不是意图，而是效果。这样的道歉之所以有效，是因为它体现了你对对方感受的真诚理解，既没有急于为自己的初衷辩解，也没有否定对方的情感体验。这种态度能够有效消除紧张局势中人们本能竖起的心理防线。

6. 将人与矛盾分开看待。 犯错误不会妨碍你努力成为一个更好的人，对于你生活中的其他人而言亦是如此。我在家中的关系规则是“两个人应该共同面对问题，不是相互对立”。我们每个人都是不完美的，都会表现得前后矛盾，都会感到疲惫和压力，但我们都在努力向着更好的方向成长。要促成真正的改变，不是通过指责“你这个人太差劲了，太刻薄了”，而是应该说“当你说了某件事时，我感到很受伤，我希望我们可以……”。当反馈不是针对个人品格的攻击时，人们往往更愿意倾听并作出改变。毕竟，反观自己，这种方式也更容易接受，不是吗？

7. 冷静而不是针锋相对。 当伴侣表现失控时，跟着失控只会让事情变得更糟。深呼吸，暂停一下，然后明智而积极地做出回应。这和你应对个人压力时使用的技巧是一样的。你不需要赢得或证明任何东西。试着去理解伴侣的观点（注意，理解不等于认同，也不是说要因为对方的固执而做出愚蠢的妥协……我真的只是说要去理解）。在表达不同意见时，要对事不对人。但是，如果你发现与对方的每次交流都是这种模式呢？即便你始终保持冷静，对方依然咄咄逼人？那么也许是时候重新思考这段关系了。在对方发火时以同样的方式回应，无法帮你做出清醒的判断。

8. 检查你自己的负面情绪。是什么让你感到悲伤、沮丧、易怒、愤怒、孤独和压力等？你有哪些尚未得到满足的需求？你是否可以向他人寻求帮助？如果可以，要学会用“我”为主语的方式表达这些需求。比如说，“当你没有给我发短信告诉我你会晚到时，我非常焦虑和担心。我并不是因为你和朋友出去而生气，我只是想知道，当你没有按我预期的时间回家时，你是否安全。今后如果你的预计到家的时间有变化，可以提前告诉我吗？”

9. 在关系之外，拥有自己的生活并保持爱好。无论是否有伴侣，你都是完整的个体。你的伴侣应该是你面对外界挑战时的队友，但这并不意味着你俩必须形影不离，事事都要黏在一起。保持自己的兴趣爱好很重要，要拥有能给你带来快乐和意义感的事物。压力重重的生活需要一个“世外桃源”。没有任何一个人能满足另一个人的所有需求。你的价值不应该仅仅建立在获得伴侣的爱和认可之上。

10. 相信存在解决方案。当面临困境时，要相信你和你伴侣有能力共同应对。在压力重重的情况下，可能感觉这个问题难以解决，但事实往往并非如此。如前所述，你的伴侣应该是你在这个世界的队友，而不是对手。要相信你们两个能携手应对生活的挑战，做出最好的选择，并相互治愈。同样，如果发现你的伴侣对你们的关系的看法和你完全不同，那么可能是时候重新审视这段关系了。要记住，你不需要一直维持现有的互动模式，你有权利选择远离那些有害的相处模式。

手雷测试

快问快答：你正在做的事对你的人际关系有帮助吗？无论某人有多糟糕，以牙还牙的本质就像是往墙上扔手雷。手雷测试就是请你退后一步，然后问自己“我即将说的或做的事情，是否类似于向另一个人和事投掷手雷？”

我并不是主张纵容他人的不良行为，而是主张不要报复他人的不良行为。如果人们向你扔手雷，那就把销钉插回去，然后还给他们。换成语言可以这么说：“嘿，你说的话很伤人，而且对我们试图解决的问题毫无帮助。我们能进行一次建设性的对话吗？还是暂时搁置这个话题，直到我们都能心平气和地回应对方？”有时候，这也可能表现为礼貌地从对方的激烈指责中抽身。但无论如何，都不要以攻击性的方式反击。记住，你不需要用同样的“炸弹”回击对方。一旦陷入这种相互攻击的恶性循环，事情只会变得更糟，因为这种互动方式只会让冲突不断升级。

相反，你可以在做出回应之前，先退后一步，思考你的反应是否有助于关系的长期稳定。考虑你的压力反应如何影响你的思想、感受和行为。思考对方的压力反应可能如何以相同的方式影响他们。当面对他人的无理行为时，与其以同样的方式反击，不如尝试理解和梳理这种行为背后的来龙去脉，这才真正有益于关系的发展。划定明确的界限，表明那些行为你绝不会接受，这确实能够维护关系的健康发展。但单纯地以怒报怒，以牙还牙，只会让事情变得更糟。

问问你自己：“这个反应能达成哪些短期或长期的目标？”如果答案是“我要让这个混蛋知道他这次惹错了人”，那么长期来看又能达成什么目标？如果这个人是你的伴侣、家庭成员、亲密的朋友呢？

你不能强迫其他人按照你期待的方式对待你（或者对待这个世界），但你可以改变自己的回应方式。仔细想想，你愿意给予他人多大的权力去影响你的生活？你真的想一直背负这样的负担吗？我不是说要纵容他人的不合理行为，而是不要让他们占据你的思想领地，控制你的情绪。恰当的回应并不等同于报复性的反击，也不是要把那些强烈的负面情绪郁结在心，日复一日地煎熬自己。要明白一个现实：你以为你的愤怒是在惩罚他人，但实际上真正受苦的是你自己。

结语

现在的你感觉如何？我们前面讨论了很多内容。这确实是个错综复杂的话题。导致压力的因素有很多。压力之所以复杂，是因为人类很复杂，世界很复杂，生活也很复杂。虽然本书提供了很多应对压力的方式方法，但这里有个非常重要的提醒，不要因为没有很好地应对压力而自责，因为“很好”的应对方式可能不存在。现代社会的运作机制就建立在人们无法很好地应对压力这一现实之上的。如果你感到疲惫、倦怠、心力交瘁等，仅仅改变心态和尝试一些快速的应对策略，并不能解决所有问题。

这就解释了为什么本书中的许多建议都需要持续付出和时间来实践。想想看，你现在所经历的这种疲惫状态，是经过了多年甚至几十年才累积到这个程度的，对吗？这种程度的身体透支，不是简单地反复告诉自己“我不是压力大，我是兴奋！”就能够修复的（虽然这种积极的心理暗示确实能起到一定作用，正如我们之前讨论的那样）。自我关怀和压力管理将会是一个需要综合施策的持久战，需要采取多管齐下的方法，而这绝不会是一帆风顺的过程。

但我们的目标不是“做得好、无压力”，而是“做得熟练”。希望这本书已经让你看到，只要一步一个脚印地来，你完全可以打造一个不那么"焦虑疲惫"的自己。你可以从提高对自己压力反应和对触发因素的认识开始，使用短期的、当下可行的生存策略来度过当下的压力时刻。然后，你可以逐步加强自我关怀的日常习惯，调整自己的心态和对待压力的方式，改善人际互动，创造一个低压力的共处环境。当你真正掌握这些技巧并真正开始行动，也许你甚至能将这些压力能量转化为改善世界的行动。

是的，压力确实让人难受；是的，压力从来都不是什么愉快的体验；更重要的是，这绝不是你的错。事实上，我们可能永远无法完全摆脱压力。但是现在，你已经掌握了一些工具和方法，可以开始学着更从容地与压力相处。这种改变能够让你生活的方方面面都变得更美好。这样的努力和尝试，绝对值得。

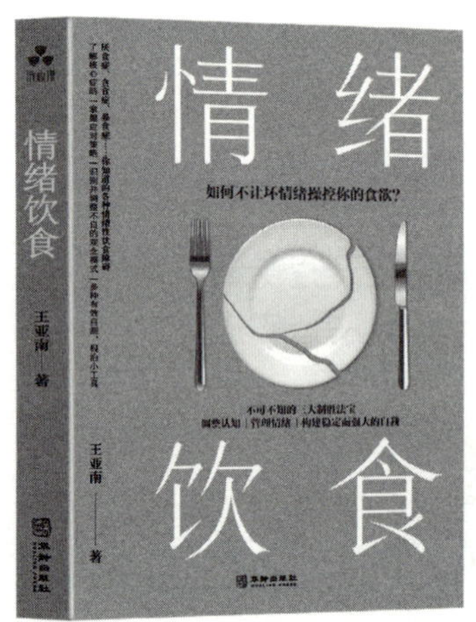

《情绪饮食》

如何不让坏情绪操控你的食欲?

本书旨在为你提供一套科学、系统且易于掌握的应对情绪性饮食问题的策略与技巧，让你更懂自己、更爱自己，彻底摆脱情绪饮食的困扰。

扫码购买

《隐性创伤的情绪地雷》

本书提供了一系列全面而实用的自我疗愈方法，帮助我们学会识别、面对并克服隐藏在内心深处的创伤，从而彻底疗愈创伤，让情绪稳定不爆雷。

扫码购买